全国注册测绘师资格考试专用辅导丛书

2025版

测绘案例分析

仿真试卷集

何宗宜　王树根　欧阳烨　戴健钊　覃伟荣　编著

全国注册测绘师资格考试命题研究专家组　审定

WUHAN UNIVERSITY PRESS
武汉大学出版社

图书在版编目(CIP)数据

测绘案例分析仿真试卷集 ：2025 版 / 何宗宜等编著. -- 武汉 ：武汉大学出版社，2025.5. -- 全国注册测绘师资格考试专用辅导丛书.
ISBN 978-7-307-25020-8
Ⅰ. P2-44
中国国家版本馆 CIP 数据核字第 2025WM9920 号

责任编辑：鲍　玲　　　责任校对：汪欣怡　　　版式设计：韩闻锦

出版发行：**武汉大学出版社**　（430072　武昌　珞珈山）
（电子邮箱：cbs22@ whu.edu.cn 网址：www.wdp.com.cn）
印刷：武汉中远印务有限公司
开本：880×1230　1/8　印张：13.5　字数：308 千字
版次：2025 年 5 月第 1 版　　2025 年 5 月第 1 次印刷
ISBN 978-7-307-25020-8　　定价：49.00 元

前　言

从2011年开始，全国注册测绘师资格考试已举行了十四次。为了提高广大考生的资格考试应试水平，特编写了《测绘案例分析仿真试卷集》这本辅导材料。

本书依据《全国注册测绘师资格考试大纲》，以注册测绘师资格考试的十四年真题为模板，在出题角度和难度方面模拟真题，凝结命题思路和考点精华，精心挑选并组织编写了12套测绘案例分析仿真试卷。本书由两部分组成：第一部分为仿真试卷，每套试卷共8道试题；第二部分为仿真试卷的参考答案与解析，帮助考生掌握答题的思路、方法和技巧。

本书编著者具有丰富的资格考试试题命题和考试辅导经验，对案例分析的考试知识点进行了透彻、全面的分析，“测绘案例分析”仿真试卷从题型、各个测绘地理信息工程领域的知识点分布、题目难易程度等方面进行了高度仿真。

本书针对性强，能在短时间内提高考生的应试能力，可以帮助考生节约大量的复习时间。

书中引用的许多参考资料在参考文献中未一一列出，在此向文献作者一并致谢。

由于作者水平所限，书中疏漏之处敬请读者批评指正。

编著者

2025年3月

目　录

“测绘案例分析”科目考试复习纲要

测绘案例分析考试是实践性较强的科目，复习时通过分析历年真题的考点、题型分布，再强化知识点整合与实际问题分析解决的能力，相信会取得不错的成绩。

一、测绘案例分析科目高频考点分析

通过分析历年真题高频考点，核心考点集中在大地测量与海洋测绘、工程测量与权属测绘、摄影测量与遥感、地图制图与地理信息工程四大测绘地理信息工程领域，较少涉及网络地理信息服务内容，基本不涉及界线测绘和导航电子地图制作。因此，复习时应科学安排时间进行。

1. 大地测量与海洋测绘

1）大地测量

大地测量在案例分析中常涉及 GNSS 控制网、水准测量、坐标转换等内容，主要考点包括：

（1）GNSS 控制网布设与数据处理：

①基准站选址原则。需考虑地质稳定性、电磁干扰、多路径效应（如周围障碍物高度角≤10°）、交通便利性等。

②观测要求。采样间隔 30s，截止高度角 10°，天线定向误差≤5°，测前测后量取天线高（精度 1mm）。

③数据检核。重复基线长度较差$\leq 2\sqrt{2}\sigma$（σ 为基线中误差）。同步环闭合差$\leq \sqrt{3}\sigma$，异步环闭合差$\leq 3\sqrt{3}\sigma$。

④平差流程。基线提取→三维无约束平差→约束平差→精度评定（最弱边相对中误差需满足规范）。

（2）水准测量：

①闭合差计算与分配。可采用测站数或距离定权，如：$P=(Pa \cdot Ha+Pb \cdot Hb)/(Pa+Pb)$

其中，权 $P=1/n$（n 为测站数或距离）。

②标石类型。GNSS 标石分为 B 级（天线墩）、C 级（基本标石）、D 级和 E 级（普通标石）。水准标石分为二等（岩石标）、三等（基本标石）、四等（普通标石）。

（3）坐标系统与转换：

①常用坐标系，包括大地坐标系、空间直角坐标系、高斯坐标系。

②坐标转换，包括不同坐标系间转换需至少 3 个公共点计算 7 参数（平移、旋转、尺度）。高斯投影换带计算（3°带与 6°带转换）。

（4）似大地水准面精化：

①工作流程：数据准备→高程异常点布设→重力数据处理→精度检验。

②精度要求：不同等级（如国家 A、B 级）对控制点密度、分辨率有明确规范。

2）海洋测绘

海洋测绘在案例分析中常涉及水深测量、海图制图、海洋定位等内容，近年考题常结合 GNSS 技术。

（1）海洋测量任务与特点：

①任务分类。科学性任务，如地球形状研究、海底地质构造分析。实用性任务，如航道测量、海洋资源勘探。

②特点。实时性（潮汐、波浪影响），海底不可视性（依赖声学探测），测量基准变化（如深度基准面随潮汐调整）。

（2）水深测量与定位：

①定位方法。海上定位：主要依赖 GNSS（如北斗、GPS），辅以声学定位（超短基线 USBL、长基线 LBL）。潮汐改正：需联测验潮站数据，确定深度基准面（如理论最低潮面）。

②测深技术。包括单波束测深（适用于小范围）和多波束测深（全覆盖、高精度）。

（3）海图制图：

①制图流程。资料收集（水文、地形数据），数学基础设计（如墨卡托投影用于航海图），数据处理（剔除异常水深点），图幅整饰（符号、注记规范）。

②质量控制。需检查数据的完整性、现势性，要求符合国际海图标准（如 IHO S-57）。

3）复习建议

①关注真题风格。大地测量常考 GNSS 网平差、水准闭合差计算（如 2022 年真题）。海洋测绘多结合 GNSS 定位与水深测量（如 2016 年考潮汐改正）。

②熟记规范关键条款。熟记《全球导航卫星系统（GNSS）测量规范》（GB/T 18314—2024）、《海道测量规范》（GB 12327—2022）等关键条款。

③综合应用知识点。多练习“GNSS+水准”联合平差案例，或“多波束测深+海图制作”综合题。

大地控制网是测绘基础，历年真题中高频考查技术设计流程与标石埋设细节（如“点之记”要求）；GNSS 基准站作为现代测绘基础设施，结合《全球导航卫星连续运行参考站网建设规范》要求，成为技术融合类案例的高频考点。

2. 工程测量与权属测绘

1）工程测量

（1）控制测量：

①GNSS 控制网布设。

②等级划分。C 级网适用于隧道、桥梁等大型工程，观测时长≥4 小时，基线解算采用双差固定解。

③精度要求。异步环闭合差$\leq 3\sqrt{3}\sigma$（σ 为基线中误差），最弱边相对中误差≤1/100000。

（2）水准测量：

①闭合差分配。按测站数或距离定权，二等水准每公里偶然中误差≤1.0mm。

②标石类型：岩石标（二等）、基本标石（三等），需避免冻土、滑坡影响稳定性。

（3）施工测量：

①放样方法。全站仪极坐标法，适用于建筑轴线放样，需校核后视方向。GNSS-RTK 方法用于开阔场地，平面精度±（10mm+1ppm），需检查转换参数。

②抵偿坐标系应用

投影面选择需结合平均施工高程，减少长度变形（如隧道工程选择平均海平面）。

（4）变形监测：

①监测方案设计。周期确定：基坑开挖阶段每日 1 次，稳定后每周 1 次；精度要求：位移监测中误差≤1/3 允许变形值（如高层建筑倾斜监测±2mm）。

②数据处理。采用回归分析或时间序列模型预测趋势，需剔除粗差。

（5）地下管线探测：

物探方法：电磁法（金属管线）、地质雷达（非金属管线）。测量要求：管线点间距≤15m，隐蔽点需开挖验证。

（6）竣工测量：

①内容：包括建筑物轮廓、管线走向、绿化范围等，需与设计图比对；②精度：地物点平面位置中误差≤5cm（1∶500 地形图）。

2）权属测绘

（1）房产测绘：

①房产调查与测量。权属调查要点：核实房屋权利人、用途、结构（砖混/框架）、层数等属性信息，需与产权证明文件一致。共有部分标注（如电梯井、公共走廊）并明确分摊规则。测量方法：全站仪测量，外墙勒脚以上轮廓测量，精度要求边长中误差≤±$(0.02\sqrt{S}+0.001S)$米（S为边长）；手持测距仪，室内净空尺寸测量，需闭合检核（如房间对角线较差≤0.05m）。特殊处理：阳台按投影的一半计算面积，飘窗（窗台高度≥0.3m 且净高<2.2m）不计算面积。

②面积计算与分摊。建筑面积计算：依据《房产测量规范》（GB/T 17986—2000），永久性顶盖且层高≥2.2m 计算全面积，1.2m≤层高<2.2m 按一半面积计算。地下室层高≥2.2m 计入建筑面积，但标注“地下”。共有面积分摊：按“幢”或“功能区”分摊，计算公式为：分摊系数=共有面积/套内面积之和。商业与住宅混合楼需分别分摊（如电梯按使用频率加权分配）。

③房产图绘制。分户图内容包括：标注房间号、边长、面积、分摊部位（红色虚线框出）。精度要求：房屋轮廓线与控制点误差≤0.1m。

（2）地籍测绘：

①地籍调查。权属调查流程：指界人签字确认界址点（法人代表或户主），争议界址需标注“争议”；地类编码按《土地利用现状分类》（GB/T 21010—2017）填写。宗地划分原则：同一权利人、同一用途、连续地块划为一宗地，混合用途宗地按主导用途分类（如住宅占比>60%则归为住宅用地）。

②地籍测量。界址点测量：解析法测量（全站仪/GNSS-RTK），按精度要求分为一类界址点（±0.05m），二类界址点（±0.10m）；图解勘丈法仅适用于农村宅基地（精度±0.15m）。地籍图必绘内容为宗地界址线、编号、地类符号、相邻道路名称。

③数据库建设。数据入库要求：拓扑检查（无重叠、无缝隙），属性字段完整（如宗地号、权利人、面积），历史数据保留（如合并宗地需保留原宗地号并标注“注销”）。

3）复习建议

（1）熟记规范关键内容：

熟记《工程测量标准》（GB 50026—2020）《城市测量规范》（CJJ/T 8—2011）关键条款。重点关注施工控制网布设（精度设计、优化方案），变形监测（方案设计、数据处理、预警阈值），竣工测量（验收标准、竣工图绘制）。熟记《房产测量规范》《地籍调查规程》（TD/T 1001—2012）核心条款（如面积计算规则、界址点精度）。

（2）关注真题加强练习：

在近几年考试中，变形监测、施工测量、控制网、房产分摊计算、地籍界址测量、数据库拓扑检查是高频考点。

①变形监测方案设计。基准点布设需远离变形区且不少于 3 个，监测点需覆盖关键变形部位。数据处理采用平差计算与趋势分析（如回归模型、卡尔曼滤波）。同时，需要掌握变形监测中涉及公共安全（如桥梁、大坝）的问题，近几年考题趋势倾向于方案设计与数据处理逻辑（如“变形监测网布设”要求）。

②施工测量。放样方法：全站仪极坐标法、GNSS-RTK 技术的适用场景及精度控制（如 RTK 放样平面误差≤5cm）。施工放样是工程测量的核心技能，考题常结合误差计算（如钢尺丈量精度比较），重点考查实操能力。

③控制测量。认真复习“GNSS+水准”联合平差案例，掌握误差分配逻辑。房产测绘直接关联民生与法律纠纷，案例题常结合面积分摊纠纷设计（如“房产面积测算”考点）；地籍测绘的精度要求是确权依据，政策强调数据的准确性（如“地籍总调查成果检查验收”）。所以，通过结合规范条文、真题实操及易错点归纳，可系统掌握房产与地籍测绘案例的答题逻辑。重点关注权属合法性、面积计算逻辑和数据成果规范性三大核心问题。

3. 摄影测量与遥感

摄影测量与遥感在案例分析中常涉及航空摄影、影像处理、4D、三维建模等内容。

1）摄影测量

（1）航空摄影测量技术设计：

①航摄计划制定。根据比例尺（如 1∶2000）确定航高（$H=f\times m$，f 为焦距，m 为比例尺分母）；航向重叠度≥60%，旁向重叠度≥30%，满足立体像对要求；分区设计需考虑地形起伏（如山区需增加重叠度）。

②像控点布设。平地区域：每 4~6 条基线布设 1 个平高点。丘陵/山地：每条航线两端及中间布设控制点，采用区域网布点。精度要求：像控点平面中误差≤0.2mm，高程中误差≤1/3 等高距。

(2)空中三角测量：

①空三加密流程：数据准备(影像、POS 数据、控制点)→特征点匹配→区域网平差→精度评定。检查点残差：平面≤0.3m(1∶1000 比例尺)，高程≤0.2m。

②常见问题处理。影像模糊或阴影区域需人工补测，POS 数据异常时采用控制点强制符合。

(3)立体测图与 DLG 数据生产：

①立体采集要点。地物采集需遵循"先整体后局部"原则(如房屋轮廓优先于门窗)。等高线插值间隔按地形类别划分(平地 0.5m，山地 1.0m)。

②质量控制。检查接边误差(平面≤0.6mm，高程≤0.5 倍等高距)。

2)遥感

(1)遥感影像处理：

①影像分类。分类方法：监督分类(最大似然法、SVM)与非监督分类(K-means)。精度验证：混淆矩阵计算总体精度(≥85%)和 Kappa 系数(≥0.75)。

②解译。变化检测应用：多时相影像比对(如 NDVI 差异法)，用于土地利用动态监测。

(2)遥感专题制图流程：

①数据融合(如 PAN 与 MS 影像)→分类→矢量编辑→图面整饰。

②图例设计需明确分类体系(如林地、耕地、水域的 RGB 值)。

(3)激光雷达(LiDAR)与三维建模：

① LiDAR 数据处理。点云滤波：剔除噪点(高程突变值)，对地面点与非地面点(如布料模拟滤波)进行分类。DEM/DSM 生成：格网大小根据精度要求设定(如 1∶500 地形图用 0.5m×0.5m 格网)。

②三维建模技术。建模方法包括倾斜摄影建模(Context Capture 软件)与点云建模(Mesh Lab)。模型精度验证：检查特征点平面/高程中误差(如±5cm)。

3)复习建议

(1)熟记规范关键内容：

重点掌握《低空数字航空摄影规范》(CH/Z 3005—2010)、《遥感影像平面图制作规范》(GB/T 15968—2008)；重点关注航空摄影设计[分辨率、重叠度、基准面、计算航摄比例尺(主距/航高)]；像控点布设(方案优化、精度验证)；三维建模流程(倾斜摄影、点云处理)。实景三维是智慧城市的基础，考试强调技术融合(如"BIM 集成")；航空摄影参数计算是经典考点，考题常结合误差分析(如影像比例尺计算)。

(2)关注真题加强练习：

近几年考题中，空三加密、遥感分类、4D 产品生产、LiDAR 应用是高频考点。需要重点掌握参数计算：航摄比例尺(主距/航高)、重叠度(航向 60%、旁向 30%)。重点关注实景三维建模，倾斜摄影技术：多视角影像匹配、纹理映射与 BIM 集成。

(3)高效利用各种技术方法：

掌握不同技术的适用场景(例如：航测：大范围高精度地形图；LiDAR：植被覆盖区 DEM 生产；遥感：大范围动态监测)。通过系统梳理航测、遥感、LiDAR 三大技术模块，结合规范条款与真题实操，可高效地完成摄影测量与遥感案例分析题。

4. 地图制图与地理信息工程

地图制图与地理信息工程在案例分析中常涉及地图设计、数据处理、系统开发及项目管理等全流程技术内容。重点掌握：地图制图资料的选择与应用，地图投影选择，地图表示方法设计，数据建库流程(拓扑检查、属性关联)，空间数据处理，地理信息系统设计，空间分析(叠加分析、网络分析应用)应用等内容。

1)地图制图

(1)地图制图资料选择与应用：

选择地图要素比较全的地图数据作为基础资料，选择最新的地图数据更新基础地图数据。

(2)地图设计：

①比例尺设计：根据地图制图范围和纸张尺寸设计地图比例尺。

②地图投影选择。掌握高斯-克吕格投影(1∶1 万至 1∶50 万采用 6°分带，1∶5 000 及更大比例尺用 3°分带)及适用场景。了解专题地图投影的选择原则(如我国省地图采用圆锥投影，极地采用正轴方位投影，航海图用墨卡托投影)。

③地图表示方法设计。根据地图数据分布特点设计合适的表示方法。分级统计法，适用于人口密度图(按分级着色)和粮食单产分布图。点值法，适用于离散分布要素(如人口分布，农作物分布)地图。等值线法，适用于表示连续渐变现象(气温、降水量)的地图。

(3)制图综合：

①居民地。优先保留行政等级高、人口规模大的居民地。

②水系。主干河流保留，支流按长度和密度选取。

(4)色彩设计：

定性数据用不同色相(如不同土地利用类型)，定量数据用亮度渐变颜色深浅表示(如人口密度)。

2)地理信息工程

(1)数据库建设：

①数据标准化。空间参照系统一(如 CGCS2000 坐标系)，属性字段按《基础地理信息要素分类与代码》(GB/T 13923)编码。拓扑规则检查(面要素无缝隙、线要素无悬挂点)。

②建库流程。具体流程如下：数据采集 → 格式转换 → 拓扑处理 → 属性录入 → 元数据填写 → 入库验收。

(2)地理信息系统设计：

①架构设计。C/S 架构：需要较快的存储速度和较多的录入，交互性比较强，该架构适用于高安全性需求系统(如国土审批系统)。B/S 架构：查询和决策，录入工作比较少，该架构适合公众服务系统(如"天地图")。

②功能模块设计。核心功能：空间分析(SQL+空间关系)、缓冲区分析、网络分析(最短路径)。扩展功能：三维可视化、移动端 GPS 定位集成。

(3)空间数据处理：

① 位置精度(地物点平面中误差≤0.5mm×比例尺分母)。

② 属性精度(属性字段正确率≥99%)。

③ 逻辑一致性(道路网络连通性100%)。

3)复习建议

(1)熟记规范的关键内容:

重点掌握《基础地理信息标准数据基本规定》(GB 21139—2007),《地理信息公共服务平台电子地图数据规范》(CH/Z 9011—2011)。重点强化“数据选择处理-设计-空间分析”全链条思维,确保答案的准确性。

(2)关注真题,加强练习:

近几年考题中地图制图资料处理、地图设计、地理空间数据处理、空间分析是高频考点。需要重点掌握地图制图资料的选择与应用,地图投影选择,地图表示方法设计,数据建库流程(拓扑检查、属性关联),空间数据处理,地理信息系统设计,空间分析(叠加分析、网络分析)应用。

二、测绘案例分析复习核心要点

1. 熟练掌握技术规范

重点掌握《工程测量规范》(GB 50026—2020)、《地籍调查规程》(TD/T 1001)等核心规范,关注强制性条文(如控制网等级选择)。

2. 掌握答题逻辑

案例分析需按“问题定位→规范依据→解决方案→质量控制”四步作答。

例如:回答“变形监测方案设计”时,需明确监测内容、频率、精度、预警值四项要素。

3. 强化计算能力

高频计算题型:坐标转换、面积分摊、精度评定(如中误差计算)、航摄比例尺换算。

4. 图表分析能力

历年真题中常出现“补充流程图”“改正示意图”等题型,需熟悉测绘作业的标准流程图(如DOM生产流程)。

三、测绘案例分析高效复习方法

1. 分模块突破

按工程测量、摄影测量、地图制图与地理信息工程、地籍测绘、海洋测绘五大模块专项练习,总结各模块的“高频错误点”(如像控点布设不均匀、坐标系统转化忽略参数)。

2. 真题精练加模拟实战

近几年真题至少做3遍,第一遍按考点分类做,第二遍限时模拟,第三遍分析参考答案的得分点。模拟题选择贴近工程实际的题目(如“地铁隧道贯通测量误差分析”)。

3. 规范速查训练

考试允许带规范,需熟悉常用规范的目录结构(如快速定位《房产测量规范》中“共有面积分摊”条款)。

4. 错题归纳法

建立错题本,记录知识盲区(如忽略“投影变形”影响)、答题遗漏点(如未写“检查验收环节”)等。

四、测绘案例分析应试技巧

1. 时间分配

一共8道案例题,选做6道即可,限时180分钟,建议每道题不超过27分钟,留18分钟检查。优先做熟悉的领域(如先答地籍题后做海洋题)。优先选择自己熟悉领域的试题做答。

2. 答题规范

(1)使用测绘术语(如“首级控制网”“空三加密”),避免口语化。

(2)分条作答(如“①...②...③...”),便于阅卷抓取关键词。

3. 陌生题型处理

若遇陌生题型(如2022年出现的“实景三维建模”新考点),尽量不选。如果选做了,联系相近知识作答,避免留白。

五、命题趋势与备考策略

1. 命题趋势

(1)综合性与技术融合:案例多跨模块设计(如“智慧城市项目”需整合GIS、BIM与遥感技术)。

(2)实操细节考查:仪器操作(全站仪、GNSS接收机)与数据处理流程(如平差计算步骤)。

2. 必备用书

《测绘案例分析——考点剖析与试题解析(2025版)》(武汉大学出版社)。

3. 辅助工具

①《测绘标准汇编》(最新版);

②各省级测绘案例汇编(如江苏、广东等地实际项目案例)。

4. 备考策略

①真题导向练习:重点突破近几年高频题型(如坐标转换计算、变形监测方案设计)。

②结合《测绘案例分析仿真试卷集》强化综合案例训练。

通过系统梳理高频考点、强化规范应用、模拟实战训练,可显著提升测绘案例分析考试的通过率。建议最后1个月集中练习“手写答题”,训练表达的准确性与速度。以上是抛砖引玉,不妥之处请大家批评指正。

“测绘案例分析”仿真试卷一

第一题(20分)

某单位承担“某省地理信息产业公共服务云平台”项目建设的任务。其中，主要任务之一是完成云平台下的地理商业智能配送系统。

1. 已有数据：

(1)2017年覆盖某省全省域的1∶1万地形图数据，坐标系为CGCS2000坐标系(2000国家大地坐标系)；

(2)2018年行政区划数据，包括行政代码、行政区名、辖区面积等属性，坐标系为地方独立坐标系；

(3)WGS-84坐标系下的2019年居民点数据，包括名称、所属行政区名称、人口数、户数等属性；

(4)2020年初，从民政部门、公安部门获得的兴趣点数据(POI)，如商场、仓库、商店、学校、医院等，属性信息包括名称、类型、门牌地址等，坐标系为CGCS2000；

(5)2020年某省行政区划简册；

(6)2019年各市、县数据生产部门汇交的交通路网DLG数据，坐标系为CGCS2000。

2. 设备与软硬件配置：

(1)配置Dell Power(TM)M1000e刀片服务器机箱3台，配置Dell PowerEdgeM630刀片服务器28台，SC4020存储设备2台，以及FC交换机、负载均衡器等硬件设备。

(2)配备Oracle企业版数据库软件、Oracle RAC选件；VMware vsSphere虚拟化软件；GIS桌面软件、GIS服务端软件；云GIS套件、GIS门户等软件系统与平台。

3. 系统建设要求：

(1)为充分体现“大数据、云应用、互联网+”等特点，系统选用CGCS2000坐标系，并将地理商业智能选址分析系统，运行并发布于互联网上，更好地为广大用户提供服务，发挥地理商业价值效益。

(2)由于数据生产过程中，未统一标准，因此各市县汇交的交通路网数据在质量上可能存在问题。在数据使用、入库、发布前，必须对数据进行处理，并且对质量进行检查。

(3)为满足快速响应、生鲜速运的需求，云平台下的地理商业智能配送系统需要满足以下要求：货物从仓库到客户手中的时间尽量缩短，以减少顾客的等待时间。

☞ 问题：

1. 简述采用空间分析方法实现货物在尽量短的时间内，从仓库到客户手中的过程。
2. 分析已有数据的用途。
3. 根据任务需求，设计云平台下的地理商业智能选址分析系统的主要功能。
4. 简述电子地图居民地数据的处理方法。

第二题(20分)

某房产测绘单位承接了一幢多功能综合楼的房产测绘任务。

1. 已有资料：

城市高精度GNSS平面控制网及CORS服务系统，测区内有二等点2个，D级GPS点4个，国家二等水准点3个。

2. 作业依据：

(1)《房产测量规范　第1单元：房产测量规定》(GB/T 17986.1—2000)；

(2)《城市测量规范》(CJJ/T 8—2011)。

3. 任务要求：

(1)进行房产平面控制测量、房产调查、房产要素测量；

(2)房产图绘制、房产面积测算；

(3)房产分户以及成果资料的检查与验收。

该综合楼顶层屋面有花园、泳池、高2.3 m的水箱间，临近商业街面外侧有在永久性结构上盖的室外楼梯，商业区与住宅区之间有封闭的架空通廊相连，内部有管理用房、设备用房、管道井、电梯井、变电间、公共门厅、地下车库以及作为人防工程的地下室等。

测量方法采用全野外采集数据成图。

图1-1为该综合楼商业区某房产分户图三层平面图(图示尺寸为墙中线尺寸)，一共5层，各层尺寸都相同，每层的外半墙面积为12.78 m^2，阳台都不封闭，其中一层非悬挑阳台。

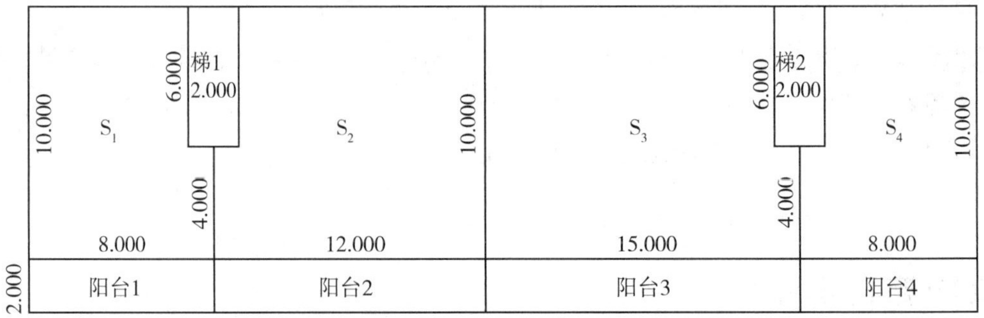

图1-1

☞ **问题：**

1. 简述综合楼应计算建筑面积的内容。

2. 简述本项目中应参与共有面积分摊的内容。

3. 计算图 1-1 中 S_3 户的建筑面积(计算结果保留小数点后两位)。

第三题(20 分)

某市 UAV 培训机构根据国家主管部门对无人机行业发展的规划，为更好地满足当前社会上对“飞手”的大量需求，决定把现有训练场地的面积扩大到 1 km^2或以上，以便容纳更多学员。

1. 已有资料：

(1)可覆盖该市全域的 2017 年 DOM 数据，CGCS2000 坐标系；

(2)2017 年该市的 1∶1 000 比例尺 DEM 数据，CGCS2000 坐标系；

(3)该市自然资源部门的 2017 年该市土地利用现状数据、行政区划数据，CGCS2000 坐标系；

(4)交通部门的 2017 年该市所属范围内的主要公路的路网数据，独立坐标系。

(5)民航管理部门管理的、精确的该市所属范围内的军(商)用机场中心点位数据，WGS-84 坐标系。

2. 建设要求：

(1)尽量满足无人机能在白天进行训练；

(2)新训练场与主要公路的距离必须在 2 000 m 以内；

(3)在 2017 年 8 月前拟开展好选址工作。

☞ **问题：**

1. 国家民航管理部门为更好地管理辖区内多年影像数据，需要进行影像数据入库工作，请简述实现 RDBMS 中栅格影像数据存储的三种技术手段及其目的。

2. 本场景中，如果需要实现 GIS 空间分析功能和训练场地及其周边环境的三维模拟显示功能，需要哪些数据？

3. 简述利用 GIS 空间分析功能进行选址的步骤。

第四题(20 分)

某市计划对本地区采用航空摄影测量方法测绘 1∶2 000 比例尺地形图。

1. 摄区概况：

摄区东西长 132 km，南北长 112 km，为一矩形区域，总面积为 14 784 km^2。全测区包含平地和丘陵两种地形，其中大多数是平地，主要位于测区南部的大部分地区，约占整个测区面积的 80%；测区内最低点高程为 8 m，最高点高程为 344 m。测区内低点平均高程为 25 m，高点平均高程为 315 m。

2. 航空摄影基本技术要求：

采用航空摄影方式，航摄仪型号为 RC-30，像幅为 23 cm×23 cm，航摄仪焦距为 152 mm，影像扫描分辨率为 0.02 mm，像片类型为真彩色。

航摄比例尺为 1∶20 000。

☞ **问题：**

1. 航空摄影项目包括哪些内容？

2. 根据案例计算下列摄影参数：摄影基准面、相对航高、绝对航高、航摄分区数。

3. 航摄飞行质量检查的主要内容有哪些？

第五题(20 分)

某单位承接了某市范围内的国土资源调查任务，主要目的是完善土地利用基础数据，掌握国土资源变化情况，实现成果信息化管理。该市已建立卫星导航定位服务(CORS)系统，可覆盖 80%的市区范围，东北区域由于距离偏远，且多为深山峡谷，树木茂盛，未能覆盖。为了全面覆盖该市所辖区域，经市政府同意，决定新建 CORS 站一座，主要工作内容包括：CORS 网布设、CORS 站建设、通信网络连接、坐标联测及数据处理、CORS 系统测试、系统维护等。

1. CORS 基准站选址：

为了选定合适的基准站建设位置，在市东北区域实地勘察，现场地质基础坚实稳定，易于长期保持，交通便利且作业安全，其中，初步拟定 *A*、*B* 和 *C* 三处地方(图 1-2、图 1-3)作为 CORS 站地址。

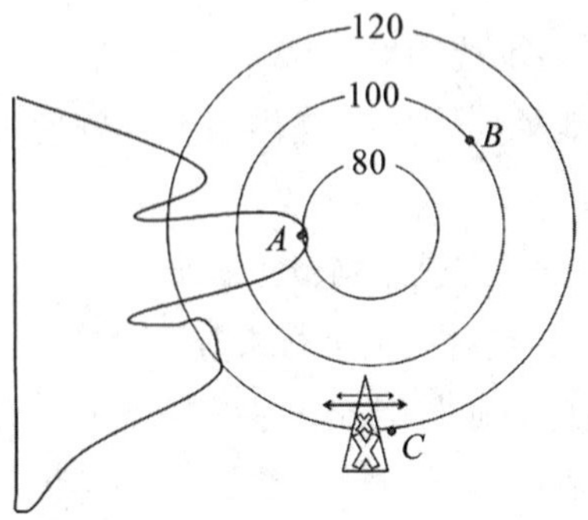

图 1-2

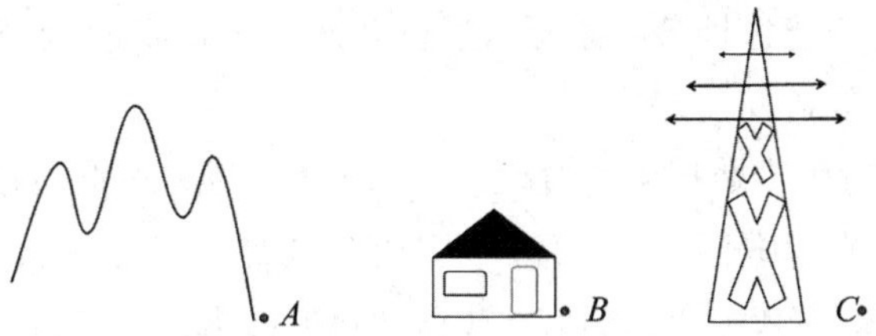

图 1-3

2. GPS 制网布设及数据处理：

在测区范围布设了 GPS 控制网(图 1-4)，按 B 级网施测。为了建立本市 1980 西安坐标系与 CGCS2000 坐标系的转换关系，进行了坐标联测。

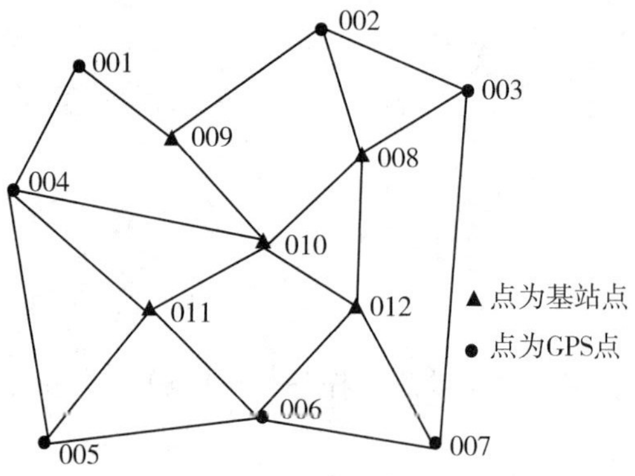

图 1-4

控制网数据处理包含 GNSS 基线向量网的无约束平差、约束平差，以及 GNSS 高程计算等。

☞ **问题：**

1. *A*、*B*、*C* 哪个地点适合建立 CORS 基准站？请说明理由。
2. 简述该项目中坐标换算重合点选取最合理的点位以及该项目局部地区 1980 西安坐标系与 CGCS2000 坐标系的转换步骤。
3. 大地水准面集成，如何解决 CORS 基准站山区服务盲区问题？

第六题(20 分)

某市拟采用航测成图的方法进行 1∶1 000 地形图的生产任务，共计需完成1∶1 000地形图测绘约 247 幅。

测区大部分为平原，西部有少量山地。作业区内高程在 40~190 m 之间。城区内高层建筑楼房较多，房屋密集。

航摄资料情况如下：

1. 航摄比例尺：1∶6 000。像片颜色：黑白。像幅：18 cm×18 cm。航向重叠：常规。旁向重叠：常规。
2. 航摄机类型：RC-8。焦距：114. 335 mm。主点坐标：X_0=0. 020 2 mm；Y_0=−0. 085 1 mm。框标距：1~2=163. 986 mm，2~3=163. 998 mm，3~4=164. 000 mm，4~1=164. 002 mm。
3. 绝对航高：740 m。

4. 测区内有一、二、三等三角点和一、二级导线点，一、二、三等水准点。

☞ **问题：**

1. 拟采用 GNSS-RTK 进行像控点测量，对野外像控点有什么技术要求？
2. 本工程的空三加密拟采用航带区域网法进行平差，常规的精度检测包括哪些内容？为了避免出现空三过程中人为干预平差结果(凑数)的情况，可采取的方法是什么？
3. 本次航测成图拟采用“先内后外”的方法，简述航测内业的基本原则，并举例说明不同要素(至少 3 种)的采用要求。
4. 简述外业调绘的主要内容，并举例说明不同要素(至少 3 种)的调绘要求。

第七题(20 分)

某市将在该市某大型体育广场举办体育赛事，为了全方位展示城市的良好形象和赛事筹备的情况，为参赛者和游客提供便利，该赛事组委会正式授权该市某测绘单位建设公众网站。

1. 此地图网站以电子地图为载体，整合场馆、签约酒店、定点医疗机构、特殊商品经营点、门票代售网点等专题数据以及最新“衣、食、住、行、娱、游、购”城市兴趣点信息。网站采用浏览器/服务器(B/S)结构，分为数据层、网站层、服务层和表现层。
2. 数据层包括数据资源及数据资源管理功能，数据分为背景数据和专题数据，其中背景数据包括二、三维电子地图数据及影像数据，专题数据包括赛事专题数据、城市兴趣点数据以及公交线路专题数据。
3. 网站层主要是整个系统的运行支持层，包括网站的公共资源处理与 GIS 数据处理功能，使用的网站组件包括数据处理、权限处理、日志处理、安全管理、GIS 引擎、系统管理等。网站服务层主要指网站功能实现层，包括基本的地图操作、搜索功能、兴趣点查询、交通导航以及其他便民服务链接等。网站表现层主要是客户端的浏览器。

☞ **问题：**

1. 简述该地图网站的基本构成及其每个组成部分的作用。
2. 如何处理该地图网站的安全问题？
3. 该地图网站数据层的数据资源管理功能应包括哪些基本内容？

第八题(20 分)

某省需要编制一幅 1∶80 万《某省地图》，全面表示该省区域范围内的自然条件、政区分布、交通网的空间分布和总体特征以及与周边省市的联系，作为各级政府部门办公用图(挂图)。制图区范围包括整个省，由于地图采用的是矩形分幅，图幅还涉及周边省市区域。

1. 制图区域地理概况：因该省位于黄河下游，东部濒临渤海，地域广阔，地跨北纬 36°03′—41°40′，东经 111°27′—119°50′。

2. 根据《某省地图》编制要求，收集了最新相关资料：

(1)2017 年 1∶50 万地形图数据(DLG)。

(2)2019 年出版的 1∶90 万《某省交通旅游地图》。

(3)2019 年 12 月全省范围的航空正射影像数据，分辨率为 1.0 m。

(4)《中华人民共和国行政区划简册》(2020 版)。

(5)《某省行政区划简册》(2020 版)。

3. 编制要求：

(1)根据挂图用途，要求地图要素平面图形变形小，保证对全省范围的正确认知、感受。在方位投影、圆锥投影和高斯投影等常用地图投影中，为该图选择合适的地图投影方式。

(2)要求用全数字地图制图技术编辑、处理和制作地图数据。

(3)挂图现势性要求到 2019 年 12 月。

☞ **问题：**

1. 说明挂图最合适的投影方式并简述理由。
2. 说明编制挂图所采用的资料和用途。
3. 简述挂图交通要素编绘方法。

"测绘案例分析"仿真试卷二

第一题(20 分)

某测绘单位承担了一段公路勘察设计测量任务，主要任务是测制 1∶2 000 的带状地形图。

1. 测区概况：

该测区内雪山冰川众多，地形气候条件恶劣，平均海拔在 3 600 m。公路走向为东西向，位于北纬 28°26′左右、东经 92°08′至 92°54′之间。

2. 资料情况：

(1)由某设计院提供的控制资料；

(2)利用 GPS 静态测量和二等水准测量进行了首级控制网的布测工作。

3. 测量作业情况：

该设计院 5 个月前针对此公路测绘工作进行了投影变形分析、归化和投影计算等，为满足公路测量精度的要求，使用椭球膨胀法建立了工程独立坐标系统，在复测控制点工作中，测量人员在使用经检验合格的全站仪对设计院提供的位于中央经线附近的两控制点进行距离检核时，发现仪器测距数值和坐标反算距离值相差达到 0.58 m。

在解决了控制测量问题之后，针对带状航测具体情况，测绘单位制定了利用固定翼无人机技术进行地形图和 DEM 测制，在工作过程中各项参数满足要求，在每次飞行结束后及时检查影像质量，及时弥补相对漏洞和绝对漏洞。

其中，DLG 生产采用"先内后外"的生产方式，在立体测图采集获取地物地貌后，外业进行属性调绘，并补测立体测图采集不到的地物。通过"两级检查一级验收"程序后提交测绘成果，在恶劣的地形和气候条件下保质保量、高效地完成测量任务。

☞ **问题：**

1. 对该控制网水准测量外业高差和概略高程表编算时，所用高差应加入哪些改正？
2. 将地面方向观测值归算到参考椭球面的三差改正是什么？分别与哪些因素相关？
3. 分析距离校核时产生 0.58 m 差值的最可能原因。

第二题(20 分)

为了满足某市施工监测需要，受该市自然资源规划局的委托，某测绘单位利用无人机进行该市平原区域 1∶500 的地形图航测成图。

1. 测区概况：

摄区面积约为 2 km^2，其中东西长 1 km，南北长 2 km。该地区地势东北高、西南低，地貌以平地和丘陵为主。由于地处北方，摄区属于温带，四季分明，日照充足，昼夜温差大，一年中降水集中在 5—8 月，考虑本次航摄的需要，最好在秋季完成摄影。

2. 主要作业依据：

(1)《低空数字航空摄影规范》(CH/Z 3005—2010)；

(2)《数字测绘成果质量检查与验收》(GB/T 18316—2008)。

3. 技术要求：

选用某型号固定翼无人机，相机采用 Canon5D2，焦距为 24 mm，像幅为 33. 696 mm×22. 464 mm。

航摄时航向重叠度为 65%，旁向重叠度为 30%。

(说明：一般将航向重叠方向的影像长度称为影像宽度，将旁向重叠方向的影像长度称为影像高度。)

☞ 问题：

1. 简述摄区的无人飞机航空摄影作业流程。
2. 简述如何进行航摄分区和航线敷设。
3. 如何确定摄影比例尺、分区基准面高程、摄影时间？
4. 若摄影比例尺为 1∶3 000，计算基线长度、航线间隔、分区航线条数、每条航线影像数、分区总像片数、总模型数。

第三题(20 分)

某市利用 IKONOS 卫星数据进行基础测绘，开展约为 400 km^2 的 1∶10 000 数字线划图(DLG)生产。

1. 测区概况：

该摄区地势东北高、西南低，地貌以平地和丘陵为主。由于地处北方，摄区属于温带，四季分明，日照充足，昼夜温差大，一年中降水集中在 5—8 月。

2. 现有资料情况：

(1)IKONOS 卫星立体影像数据、C 级 GPS 网及二等水准测量(2000 国家大地坐标系)；

(2)二等水准成果为 1985 国家高程基准，该成果作为测区的基础控制资料，用于野外像控测量。

3. 主要作业依据：

(1)《低空数字航空摄影规范》(CH/Z 3005—2010)；

(2)《数字测绘成果质量检查与验收》(GB/T 18316—2008)。

☞ 问题：

1. 简述利用 IKONOS 卫星立体影像开展 1∶10 000 测图技术流程。
2. 1∶10 000 测图的数学基础、分幅编号要求有哪些？
3. 分析卫星立体测图精度的主要影响因素。
4. 分析卫星遥感影像与常规航空影像的异同点。

第四题(20 分)

某市根据“十一五”基础测绘规划和市政府相关部门的需求，对该市沿海、沿江的滩涂实施 1∶10 000海岸以及水下地形测量，为该市围垦工程、港航建设、海洋资源利用等提供基础性测绘资料。

1. 测区概况：

测区位于东经 121°34′00″—122°09′00″，北纬 40°04′45″—40°23′30″，测绘范围包括该港口及附近地区、航道、锚地以及航行信息(水深、障碍物、干出滩、海岸线、海底底质、助航标志等)。本海区均属强潮区半日型潮流，大潮期间多数地区流速大于 1 m/s。属正规半日潮，一天两高两低现象明显。

2. 已有资料情况：

(1)测区内已有 1∶10 000 的地形图，可作为控制网设计、选点用图；

(2)相关技术规范和标准；

(3)长期验潮站资料包括：布设了 1、2 两个潮位站(图 2-1)，1 站为长期验潮站，前期已经有 13 年的潮位观测资料；2 站为短期验潮站。1 站和 2 站间距离 10 km，两站间潮时和潮高的变化与其距离成比例。测量水域位于 1、2 站之间，水下地形垂直基准采用当地平均海平面。

3. 主要技术要求：

(1)平面坐标系统：城市坐标系，高斯投影 3°分带；

(2)陆上高程系统：1985 国家高程基准；

(3)水深基面：当地理论深度基准面；

(4)测图比例为 1∶10 000，等深线间距为 1 m；

(5)定位精度要求 10 m，测深精度要求 1%水深；

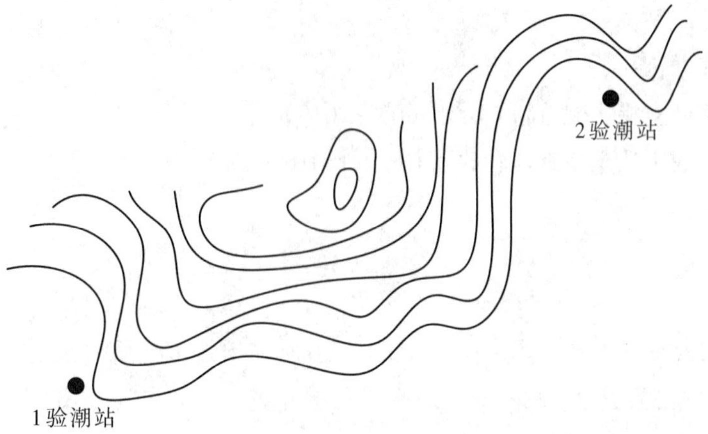

图 2-1

(6)交叉点测深不符值均方根要求小于 0.8 m。

项目主要任务是完成 1∶10 000 海岸以及水下地形测量，提供当地平均海平面基准下的高程数据、CGCS2000 坐标系下的 UTM 坐标，并绘制海岸以及水下地形图。要求 45 天完成该项目任务。

☞ 问题：

1. 水深测量中，在码头外如何进行测深线的布设？

2. 使用测深仪时，应测定仪器的总改正数。用校对法直接求测深仪总改正数适用的范围是什么？当用检查板进行校正时，测得检查板的深度读数为 A m，测深仪测得的深度读数为 B m，则如何计算总改正数？

3. 在本案例中如何进行 1、2 两验潮站间的深度改正？

4. 海岸地形测量需要上交哪些资料？

第五题(20 分)

为了摸清全市的土地利用状况，掌握真实的土地基础数据，建立和完善国土调查、统计和登记制度，实现土地资源信息的社会化服务，某单位承接某市范围内的国土调查任务，主要是土地利用现状分类调查。

1. 测区概况：

该市地处沿海地带，总面积约 1 500 km^2。常住居民海岛 3 个，东南方向不与陆地相连的最大海岛面积约3 600 m^2。

2. 收集资料情况：

(1)近期地形图、DEM 以及各等级测量控制点资料；

(2)2020 年地面分辨率为 0.5 m 的 1∶2 000 的 DOM，2000 国家大地坐标系；

(3)陆地(含海岛)与海洋的分界线、行政区域界线资料；

(4)土地利用总体规划、农用地专用、土地开发整理复垦资料。

(5)包括县级、乡级基本农田地块划定和调整的图件、表格、文件、说明等资料。

(6)包括《土地权属界线协议书》《土地权属界线争议缘由书》，以及宗地权属来源和土地登记等资料。

3. 主要设备和技术要求：

(1)仪器、工具和设备：

包括全站仪、GPS 接收机、钢尺、计算机、外设和软件系统，以及交通运输工具等。

(2)技术要求：

①利用已有资料制作 1∶2 000 标准分幅土地利用现状图；

②2019 年底前完成成果整理，质检工作，验收合格，提交用于标准时点校核。

成果验收时，专家成员查阅了监理检查记录，调查底图标绘及手簿填写记录如下：调查完成后，调查底图标绘的调查信息，包括行政界线、权属界线、地类及其界线、补测地物，以及编号和注记等。

编号统一以行政村为单位，对地类图斑、线状地物分别按从左到右、自上而下从“1”顺序编号。补测地物的编号在顺序号前加“A”。

☞ 问题：

1. 简述国土调查的主要工作流程。

2. 海岛调查的主要技术要求有哪些？

3. 根据检查记录，作业人员是否存在遗漏或错误，如有请指出，并修正。

第六题(20 分)

某测绘单位承担了某工业园区烟囱变形监测任务。

该烟囱地处丘陵地区，周边地势开阔。烟囱主体部分高 175 m，顶部外径6.50 m，内径 6.00 m；±0.00 m 外径为 15.00 m，内径为 14.00 m。烟囱的基座高程为-5.00 m 至±0.00 m，直径为 30 m。

烟囱建造施工期间，为了进行定位放线，控制其中心位置，保证烟囱主体竖直，在烟囱周围四个方向布设了控制点(见图 2-2)，A、B、C、D 四点至中心点 O 点的距离约为烟囱高度的 1.2 倍，按施工技术设计要求测定了 4 个控制点的坐标和高程。图中 a、b、c、d 为施工定位桩。

1. 作业依据：

(1)《工程测量标准》(GB/T 50026—2020)；

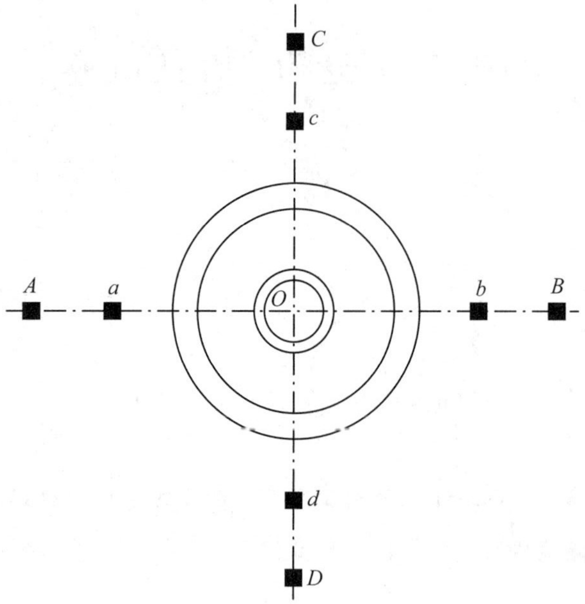

图 2-2

(2)《建筑变形测量规范》(JGJ 8—2016)。

2. 仪器设备：

(1)高精度全站仪(测角精度为 0.5″，测距精度为 0.5 mm+1 ppm)一套；

(2)DS05 精密水准仪一套、两根刻划为毫米的标尺；

(3)双频 GPS 接收机(3 mm+2 ppm)一套。

烟囱竣工后，须对烟囱基座和烟囱主体进行变形监测，主要用于监测水塔的倾斜量(见图 2-3)，图中 $D \geqslant 1.5H$。

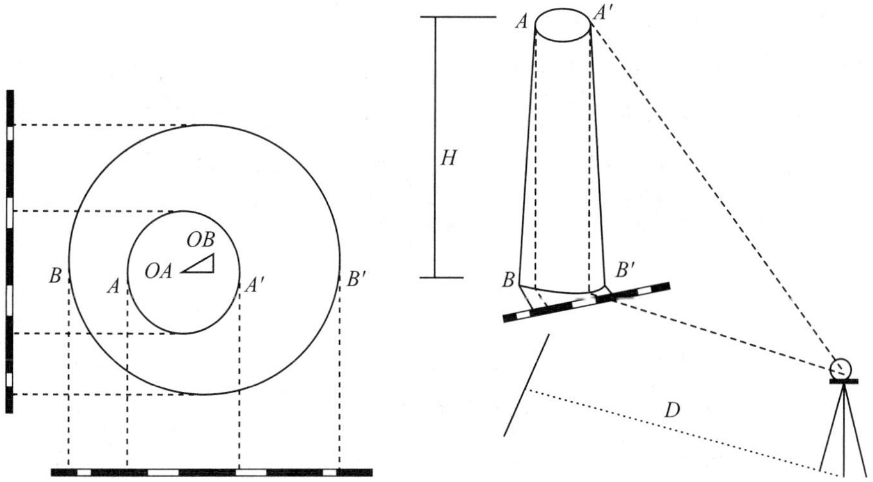

图 2-3

☞ **问题：**

1. 对于该烟囱的基座部分主要监测什么项目？监测过程应遵循哪些原则？应提交哪些主要成果？
2. 对该烟囱主体部分主要监测什么项目？写出选择的监测仪器与测量步骤。
3. 烟囱变形监测还可以采用哪些方法和技术？

第七题(20 分)

1. 某地图出版社 2020 年 6 月开始编制《中华人民共和国全图》(以下简称《全图》)，表示我国范围内的自然条件、政区分布、交通网的空间分布及周边邻国的联系，作为各级政府部门办公用图。

2. 根据《全图》的编制目的，收集了最新相关资料：

(1)1∶100 万地形图数据(2018 版)，Arc/Info Library 格式存储，采用地理坐标记录空间数据。

(2)2019 年省界的 1∶100 万数据。

(3)2019 年出版的《中华人民共和国省级行政单位系列图》。

(4)《中华人民共和国行政区划简册》(2019 版)。

(5)2019 年出版的《世界分国地图》。

3. 编制要求：

(1)挂图为 9 全开幅面，成图尺寸为：2 950 mm×2 140 mm，比例尺 1∶250 万，以主附图的形式呈现；主图纬度范围：从北纬 20°到北纬 56°，中央经线 110°。附图纬度范围：从北纬 1°到北纬 23°，中央经线 114°。

(2)根据挂图用途，要求地图要素平面图形变形小，为保证对全国疆土范围的正确认知、感受。在方位投影、圆锥投影和墨卡托投影等常用地图投影中，为该图选择的地图投影方式。

(3)要求用全数字地图制图技术，在 CorelDraw 软件环境下进行编辑、处理和制作地图数据。

(4)挂图现势性要求到 2019 年 12 月。

☞ **问题：**

1. 说明挂图选择最合适的投影方式，简述理由。
2. 说明编制挂图所采用的资料和用途。
3. 简述基本资料数据处理内容。

第八题(20分)

某测绘地理信息单位承担某城市“数字社区信息平台”建设任务。将WebGIS技术引入“数字社区”，进行社区基础地理空间数据与各种专业业务数据的高效管理，将GIS与业务OA紧密结合，实现社区的精细化管理和高效的便民服务。

1. 平台构成设计：

该平台既是一个方便街道管理人员日常办公的GIS平台，也是一个可以提供便民服务的信息发布系统，采用B/S和C/S混合结构框架。整个系统架构由四个层次构成，即数据层、组件层、应用层和用户层。

2. 收集建设信息平台的数据：

平台的数据资源分为基础地理数据、政务专题数据和公众专题数据三大类。其中基础地理数据集成社区二、三维电子地图，影像数据，并实现联动显示；政务专题数据涵盖社区管理部共用的业务数据，包括社区自然、历史人文、人口、设施、法人、出租屋、避难所、治安监控等数据，公众专题数据涵盖社区内部体育、文化、教育、银行以及“衣、食、住、行、娱、购、游”等公众兴趣点数据。

3. 平台功能建设：

(1)平台除了具备一般GIS系统常见的功能以外，还提供一些结合社区管理的功能。网络地图功能包括图层管理、地图浏览、数据编辑、定位查询、打印输出、空间分析、地图标注和测量功能等。

(2)结合社区管理的功能包括社区基本信息发布、社区人口资源管理、社区设施资源管理、社区治安监控管理、法人信息管理等。

(3)平台的社区人口资源管理功能主要是实施“以房管人”，加强人口流动管理。在地图上进行院落、平房门牌号的划分，以地图为载体加强流动人口登记管理，直接将流动人口的信息与地图上的空间位置直接关联。

☞ 问题：

1. 该平台建设中，哪些功能的实现采用C/S结构？哪些功能的实现采用B/S结构？简述理由。

2. 该信息平台在社区管理方面需要开发哪些功能？

3. 请为该平台设计至少3种专题地图表达方式以对社区人口规模、人口变动、人口密度等空间分布情况进行统计分析。

“测绘案例分析”仿真试卷三

第一题(20分)

某测绘单位承接了某电厂进厂道路某标段隧道施工测量任务。

1. 工程概况：

该进厂道路工程是某核电前期工程的组成部分，隧道全长10.331 km，由于隧道过长，为了保证贯通精度需要完成隧道内高精度方位角测量。

2. 已有资料情况：

(1)电厂进厂道路某标段洞冲里隧道施工设计图纸(主要是隧道轴线平面控制点及曲线要素表、纵断面设计高程数据和施工设计图)；

(2)隧道进出口各一个控制点坐标。

(3)在隧道口附近，工程勘测设计时已布测并移交平面GPS四等控制点四个。

3. 作业依据：

(1)《工程测量标准》(GB 50026—2020)；

(2)《公路勘测规范》(JTG C10—2007)；

(3)《公路隧道施工技术规范》(JTG/T 3660—2020)。

4. 仪器设备：

该单位现有GNSS双频接收机和2″级别全站仪等测量设备若干套。

要求隧道内点间的大地方位角中误差不大于3″。测量人员采用经过鉴定合格且符合本工程控制导线测量要求的全站仪进行水平方向角及边长测量，水平方向角按导线测量时前进方向观测左右角，奇数站测左角，偶数站测右角；边长进行对向量测。

☞ 问题：

1. GNSS测量是如何实施的？对GNSS点布设有何要求？

2. 简述隧道内完成方位角传递的方法和技术指标。

3. 简述本次任务大地方位角计算的基本步骤。

第二题(20 分)

某沿海城市欲在海边滩涂围垦示范区潮间带进行地质环境调查评价与监测预警研究，为了给该项目提供必要的基础资料，某测绘单位承担了研究区域的水下地形测量任务。

1. 测区概况：

测区内沿岸山海相拥，部分地段陡峭险峻，工作区域水深范围为 23~28 m 之间，平均潮差约 3.8 m，潮流湍急，靠近测区有一座码头。

2. 仪器设备：

主要仪器设备有：单波束测深仪一台套、压力式自记潮位仪四台套、海测型信标机一台套、测地型 GNSS 接收机、DS3 水准仪一台套和海洋测绘后处理软件一套等。

3. 作业过程：

项目组根据相关规范和实地潮位变化等情况，在岸边和测区均按照要求布设了潮位仪进行水位观测记录，以满足潮位改正的要求。

在陆地沿岸和测区周围若干岛屿布设控制点，进行了 D 级 GPS 测量和四等水准高程联测。其中，沿岸水准路线需穿过一条长约 260 m 的河流，进行跨河水准测量。外业测量结束后，对测得的数据都进行了完整性和准确性检查，并制作海底地形图。

通过潮位仪观测计算，测区当地平均海面在国家高程基准面以上 0.16 m，当地理论最低潮面位于当地平均海面以下 1.87 m。

项目最后通过了“二级检查一级验收”程序，符合规范要求。其中，测深检查线布设合理，统计水深精度满足要求，达到了理想的效果。

☞ **问题：**

1. 简述岸边潮位仪布设地点选址要求。
2. 本案例可以采用哪些跨河水准测量方法？测量场地选定与布设应满足哪些要求？
3. 处理测深数据时，某测点数据综合改正值为-0.65 m，潮位改正值为 1.11 m，最后计算得到该点水深值的绝对值为 25.65 m，求该测点对应的海底高程。

第三题(20 分)

某港为新开辟对外开放的港口，需要编制一幅 1∶5 万比例尺海图。

1. 测区概况：

制图区域为东经 121°34′00″—122°09′00″，北纬 40°04′45″—40°23′30″，包括该港口及附近地区、航道、锚地。该港口位于海湾的东部区域，图幅的东南部约 2/5 区域为港区及附近陆地，西部为进港航道入口。

2. 已有资料情况：

(1)港区附近最新的 2001 年测量 1∶5 万比例尺海图及 2003 年测量 1∶5 万比例尺海图。

(2)另外，还有航空摄影资料、水深资料、海底底质资料、助航标志资料、码头及海岸线资料、港区的服务设施资料、港区基准面资料。

3. 编图依据：

(1)《中国航海图编绘规范》(GB 12320—2022)；

(2)《中国海图图式》(GB 12319—2022)；

(3)《海道测量规范》(GB 12327—2022)。

进行海岸地形控制测量时，由于受高等控制点位置和地形的限制，布设附合导线相当困难，故局部海岸地形控制采用二级导线和测图导线布设闭合导线。闭合水准路线高差观测如图 3-1 所示，已知 A 点高程 H_A=41.20 m，观测数据如图 3-1 所示(环内单位为 m 的为两点高差，环外单位为 km 的为两点距离)。

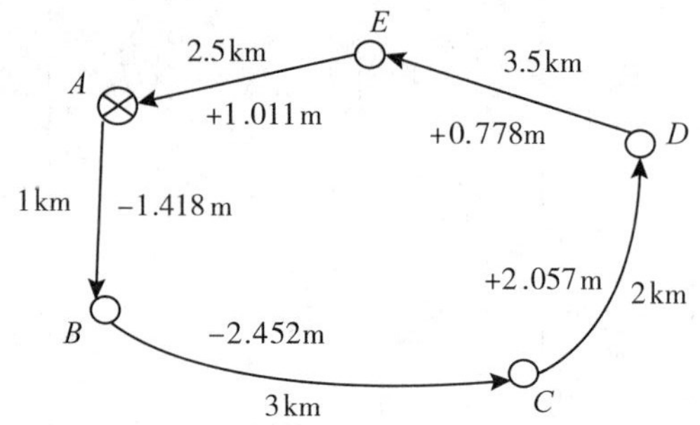

图 3-1

主要任务包括：海岸地形图局部修测、海图设计、资料收集分析、数据处理、海图制作，工期 30 天。

☞ **问题：**

1. 本项目中，选定导线边应注意哪些事项？并计算 B、C、D、E 点的高程。
2. 简述海图的制作流程及其内容。
3. 当利用 2001 年及 2003 年所测海图时，相邻图幅之间需要进行拼接测量，应注意哪些问题？
4. 在海图印制结束后，印制部门应对印制的成图逐张检验。检验的主要内容具体有哪些？

第四题(20 分)

某房产测绘单位受某公司的委托，承接了其 B 区房产面积测绘任务。

1. 测区概况：

该区有一栋三层半钢筋混凝土结构的房屋及一双隅二层房屋，第二层有一阁楼。各边尺寸丈量结果已注记在图中，分别如图 3-2、图 3-3 所示。

2. 主要仪器设备：

①2″级全站仪；②手持测距仪；③钢卷尺；④数码照相机；⑤记录设备。

3. 作业依据：

(1)《房产测量规范　第 1 单元：房产测量规定》(GB/T 17986.1—2000)；

(2)《测绘成果质量检查与验收》(GB/T 24356—2009)；

(3)《房产测绘管理办法》。

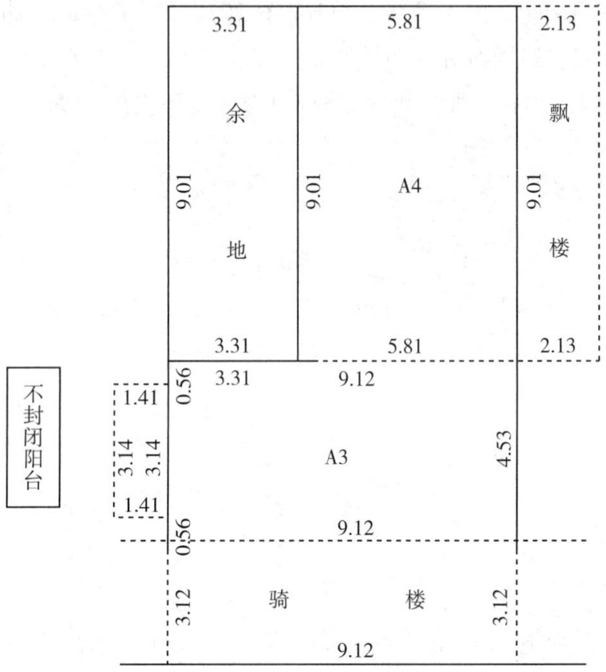

图 3-2

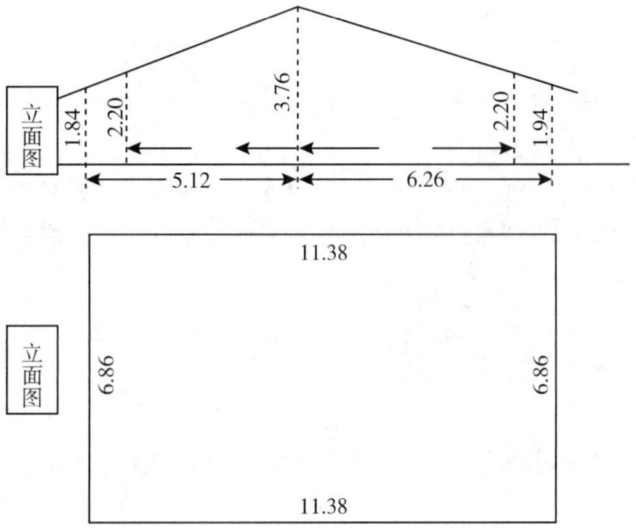

图 3-3

☞ **问题：**

1. 试按照如图 3-2 所示计算该栋钢筋混凝土结构房屋的用地面积、建基面积及总建筑面积。

2. 试按照如图 3-3 所示尺寸，计算阁楼的有效建筑面积，并计算该房屋的用地面积、建基面积及总建面积。

3. 房产测绘成果必须实行备案审查，目前审查的内容主要有哪些方面？

第五题(20 分)

根据某地区基础测绘工作的需要，计划生产该地区 1∶2 000 比例尺的数字正射影像图(DOM)和 1∶2 000 比例尺数字地形图。前期已安排完成了全部测区的航空摄影工作及区域网外业控制点的布设和测量工作，现阶段的工作是完成全部测区的空中三角测量(空三加密)的任务。

1. 测区概况：

地级城市总面积约 3 500 km^2。平地占 80%，位于测区南部；丘陵占 20%，集中在测区北部；测区内海拔高度平地低点为 10 m，丘陵地最高海拔为 130 m。建成区面积约 450 km^2，主要在平坦地区。建成区内以多层建筑楼房为主，房屋密集，其农村居民地以一二层建筑为主。

2. 作业依据：

(1)《1∶500　1∶1 000　1∶2 000　地形图航空摄影测量外业规范》(GB/T 7931—2008)；

(2)《1∶500　1∶1 000　1∶2 000　地形图航空摄影测量内业规范》(GB/T 7930—2008)；

(3)《数字测绘成果质量要求》(GB/T 17941—2008)；

(4)《数字测绘成果质量检查与验收》(GB/T 18316—2008)。

3. 技术要求：

采用传统的航空摄影方式，航摄比例尺为 1∶8 000，航摄仪器号为 RC-30，像幅 23 cm×23 cm，焦距为 152 mm，影像扫描分辨率为 0.02 mm，像片类型为真彩色。航摄总面积为 3 500 km^2，测区共布设 60 条航线，每条航线 84 张航片，测区航片总数为 5 040 张，航片航向重叠度为 65%，旁向重叠度为 35%，东西向飞行。

航空摄影成果已通过质检部门的检查验收，其飞行质量和影像质量均满足规范和设计要求。

平面系统采用 1980 西安坐标系；高程系统采用 1985 国家高程基准。

☞ **问题：**

1. 简述数字空中三角测量的目的和主要输出成果。

2. 数字空中三角测量(空三加密)需要哪些起算数据？

3. 用框图表示数字空中三角测量的基本流程。

4. 数字空中三角测量任务完成后，应提交的成果主要有哪些？

第六题(20 分)

某单位承担了组织编制《某市地图集》(以下简称《图集》)的任务。

1. 制图区域概况:

该市辖 6 个镇、4 个街道办事处和 1 个国家级经济开发区,全市总面积为1 616.50 km^2。

2. 图集编制要求:

(1)《图集》开本设计为 8 开,其成品尺寸为 260 mm×370 mm,展开页尺寸为520 mm×370 mm,图集规模约为 256 页,有效制图区域范围的内图廓尺寸为 480 mm×330 mm,定位为桌面用图。

(2)《图集》装帧采用硬精装形式,内芯采用纸张(787 mm×1 092 mm)128 g 铜版纸印刷,封面采用特种纸印刷。该图集为综合性地图集,包括序图组、城乡发展基础图组、城乡发展现状图组、城乡发展规划图组及地名索引等 5 个图组,共约 120 幅图。

(3)《图集》分为地理位置、行政区划、各镇街概况、地势、气候、水资源、土地利用、人口、综合经济、生态旅游、该市全市域分幅影像图组、城乡总体规划、重点发展区域规划、专项规划、生态旅游规划、新农村建设规划、水资源利用规划等众多专题。

(4)该市全市域分幅影像图图组是《图集》的重要内容,采用分幅影像图来反映全市的现有地貌,总共 85 幅影像图。

分幅时遵循 3 个原则:①尽量保持重要地物和重要区域的完整性并充分利用版面;②便于分幅和跨页查阅;③对重点区域和一般区域,设计两级比例尺系列,且比例尺为简单的倍数关系。

在《图集》编制过程中,依托该市地理空间信息公共服务平台建设成果,充分利用动态更新的全市覆盖 1∶2 000 数字地形图、最新的 ADS40 航测影像数据(0.2 m 分辨率)、规划"一张图""一平台"成果以及权威部门提供的社会经济数据,采用全数字制图技术制作。

☞ 问题:

1.《图集》还有哪些主要内容需要设计?

2. 简述《图集》5 个图组的编排顺序以及各图组应包括哪些内容。

3. 简述《图集》设计中统一协调应包含的内容。

4. 在《图集》分幅设计中,若中心城区的影像安排 44 幅,城市郊区影像安排 41 幅,现有两种分幅设计方案:①中心城区采用 1∶5 000,城市郊区采用 1∶10 000;②中心城区采用 1∶8 000,城市郊区采用 1∶16 000。应选择哪个方案?请简述理由。

第七题(共 20 分)

某市是地处我国西部地区的中型城市,常年以野外观测某野生动物的旅游活动而闻名。该

市曾多次组织国内外专家学者进行现场实地调查,经过实践证明,野生动物适宜活动的地区应满足以下要求:

(1)该受保护动物喜爱以竹类植被作为食物;

(2)坡度小于 20°;

(3)距离城市主干道大于 5 000 m;

(4)活动区面积不能太小,要大于 2 km^2。

近年来,随着野外观测野生动物的旅游活动增多,该市经济逐步腾飞、人口规模不断扩大,市内已有的生活垃圾处理厂已达到每天满负载处理运行的状态,迫切需要新建一座新的生活垃圾处理厂,根据市相关职能管理部门,按实际情况经调研分析后进行规划建设。

1. 已有资料情况:

(1)全市 2017 年 1∶10 000 主要交通路网 DLG 数据;

(2)全市 2017 年 1∶10 000 城市建成区 DLG 数据、城市区划 DLG 数据;

(3)全市 2016 年 1∶5 000 植被分布数据,包括植被斑块编号、植被类型、分布面积(单位:m^2)等内容;

(4)全市 2017 年 DEM 数据(30 m×30 m);

(5)全市 2017 年水源保护区数据;

(6)全市 2017 年生活垃圾处理厂备选地址的点位数据。

上述资料数据坐标系均采用 WGS-84 坐标系。

2. 建设要求:

(1)生活垃圾处理厂应部署在城市建成区以外,距离应大于 5 km;

(2)处理厂应选址在地质条件良好,交通便利的地方;

(3)不得在水源保护区 5 000 m 范围内建设垃圾处理厂。

☞ 问题:

1. 按野生动物适宜活动地区的要求,简述该野生动物保护区数据生产的作业过程。

2. 简述生活垃圾处理厂选址的作业流程。

3. 如何判断该生活垃圾处理厂是否在该受保护野生动物保护区范围内?

第八题(20 分)

1. 根据自然资源部要求,准备建设"某市地理信息公共服务平台公众版(天地图・某市)",利用某省测绘地理信息局的现有数据资源,按照地理信息公共服务平台相关数据规范,加工省级公共地理框架数据集,为"天地图・某市"生产在线地理信息数据集。

2. 具体要求:

(1)基于最新某省省级地理信息数据资源、优于 2.5 m(0.2~2.5 m)分辨率的卫星或航空影像数据，生产某省省域范围内的地理实体数据、地名地址数据，以及 18~20 级线划电子地图数据、影像电子地图数据。采用 2000 国家大地坐标系，以度分秒为单位。

(2)应尽可能融合第三方数据资源，增加本地兴趣点(POI)、三维建筑物模型、街景，以及相关的社会、经济、人文、交通、行政、旅游等信息。

(3)所有数据须依据国家有关规定过滤，删除涉密信息内容，降低空间精度，降低影像分辨率，形成可在非涉密网环境中使用的公开数据集，并应经过地图审核。

3. 现有数据资源情况如下：

(1)覆盖全市区域的 1∶2 000 数字地形图数据，现势性为 2017 年。

(2)覆盖市建成区的 1∶500 数字地形图数据，现势性为 2018 年。

(3)覆盖全市域的道路骨干网数据，现势性为 2019 年。

(4)覆盖全市域的 POI 数据，现势性为 2019 年。

☞ **问题：**

1. 根据上述数据资源情况制定该市域在线地理信息数据生产数据源利用方案。
2. 简述公众版在线地理信息数据脱密处理的内容与方法。

3 简述网络电子地图生产步骤和数据处理方法。

"测绘案例分析"仿真试卷四

第一题(20 分)

某测绘单位承担了某工厂 1∶500 数字地形图测绘项目，厂区面积为 10.0 km^2，测区中心经纬度约为北纬 31°04′04″，东经 112°12′15″。

1. 任务内容：

主要包括基本控制测量、图根控制测量、碎部测量与地形图测绘、地下管线测量、管线图编绘等工作。

2. 数学基础：

平面坐标采用 2000 国家大地坐标系；高程采用 1985 国家高程基准。

等高距为 1.0 m，地形图采用 50 cm×50 cm 标准分幅。

3. 主要作业依据：

①《1∶500　1∶1 000　1∶2 000 外业数字测图规程》(GB/T 14912—2017)；

②《城市测量规范》(CJJ/T 8—2011)；

③《国家基本比例尺地图图式　第 1 部分：1∶500　1∶1 000　1∶2 000 地形图图式》(GB/T 20257.1—2017)。

根据厂区的情况，布设了一条三等附合水准路线进行高程控制。已知水准点 BM_1、BM_2 的高程分别为 15.030 m 和 12.814 m。各测段的高差 h_i 和距离 L_i 标于图4-1中。

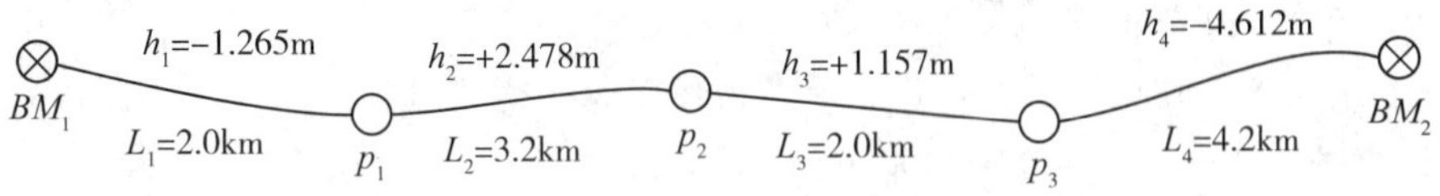

图 4-1　附合水准路线图

测图工作完成后，检查人员对测绘成果进行了 100%的检查，后送单位质检部门再进行检查；最后移交省质检站进行验收，共抽样检查了 12 幅图。

☞ **问题：**

1. 计算本项目所在测图区域高斯投影 3°带的带号。

2. 简述图根点测量的常用方法及其作业流程。

3. 试检验水准测量成果是否合格，如合格，计算并调整高差闭合差，最后推算各未知点的高程。

4. 测绘成果检查验收的抽样比例是否符合要求？说明理由。

第二题(20分)

某房产测绘单位受某公司委托，承接了某小区的房产测绘任务。

1. 测绘任务：

房产平面控制测量、房产调查、房产要素测量、房产图绘制、房产面积测算以及成果资料的检查与验收。

2. 仪器设备：全站仪、手持测距仪、钢卷尺、数码照相机、记录设备等。

3. 作业依据：

(1)《房产测量规范第1单元：房产测量规定》(GB/T 17986.1—2000)；

(2)《房产测绘管理办法》；

(3)国家和相关部门发布的政策文件等。

该项目中有一栋7层带夹层的房屋，见图4-2，具体尺寸数字均详细标注于图中。

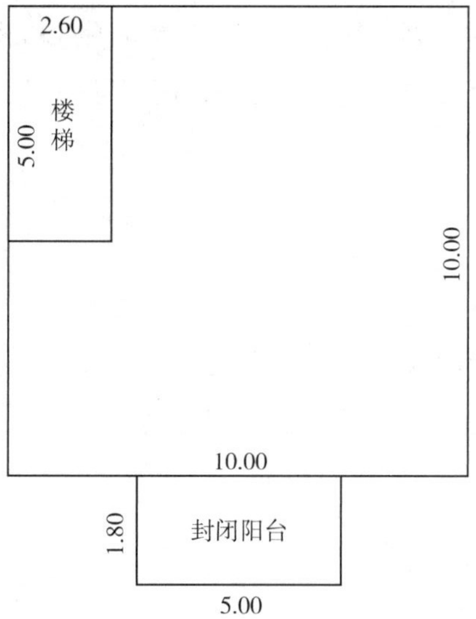

(外墙水平投影面积的一半为4.86 m^2，每层层高都为3.0 m)

图4-2　一层、夹层、二至七层平面图

☞ 问题：

1. 计算该栋房屋的总建筑面积。

2. 某套房屋独立测算两次，建筑面积分别为100.25 m^2和99.75 m^2，问该套房屋建筑面积为多少？精度是否符合要求。

3. 按照《房产测量规范》，对面积测算成果资料进行检查与验收时，要检查、验收的项目及内容主要有哪些？

第三题(20分)

某城市位于珠江三角洲东北部，拟开展航空摄影测量1：2 000地形图成图。

1. 测区概况：

全市地形北高南低，北部山地面积约占全市面积的8.3%；丘陵主要分布在中部，约占全市面积的35.1%，低丘和台地集中在中南部，约占全市面积的23.2%；南部是三角洲平原及河谷平原，约占全市面积的33.4%。

2. 航摄技术要求：

航摄范围以行政境界为基础采用满图幅方式进行外扩设计。本项目采用SWDC-4真彩数码航空摄影仪实施，其主要技术指标如下：光圈3.5~32；焦距50 mm；快门1~1/800 s，连续曝光最小时间间隔3.0 s；像素尺寸9 μm，畸变小于2 μm，等等。

3. 主要技术依据：

(1)《1：500　1：1 000　1：2 000地形图航空摄影测量外业规范》(GB/T 7931—2008)；

(2)《1：500　1：1 000　1：2 000地形图航空摄影测量内业规范》(GB/T 7930—2008)；

(3)《数字测绘成果质量要求》(GB/T 17941—2008)；

(4)《数字测绘成果质量检查与验收》(GB/T 18316—2008)。

4. 主要任务：

(1)获取市域范围内约1 650 km^2真彩色数码航片。

(2)沿该城市绕城高速以内测绘面积约216 km^2，比例尺为1：2 000的数字线划图。

(3)对中心城区62 km^2的1：2 000数字线划图修测。

(4)市域范围内数字正射影像图生产。

5. 数学基础：

平面系统采用1980西安坐标系，高程系统采用1985国家高程基准。

项目实施完成后提交的资料有：市域范围内约1 650 km^2真彩数码航片，项目区域范围内1：2 000数字线划图(DWG格式)，项目区域范围内1：2 000数字线划图修测(DWG格式)，数字航摄仪技术参数，摄区完成情况图等。

☞ 问题：

1. 此次摄影获取的影像用于制作成图比例尺为1：2 000的数字产品(DEM、DLG、DOM)，要求航空影像的地面分辨率(GSD)为 20 cm，如何计算飞行航高 h?

2. 数码航测内业影像数据处理包括哪些内容?

3. GPS 辅助空中三角测量内业加密点选点有哪些要求?

4. 本次项目航摄成图提交的资料是否完整，若不完整，还需要补充哪些资料?

第四题(20 分)

某单位承接了某市市政管理数据库建设任务，开展了大量的市政管理信息系统需求分析工作，建立市政管理数据库，并开发市政管理信息系统，为市政管理工作服务。

1. 已收集的数据：

(1)中心城区 2017 年 1 : 2 000 地形图，包括居民地、交通网、水系、植被、地貌、管线等要素，2000 国家大地坐标系(CGCS2000)，高斯-克吕格投影。

(2)中心城区 2019 年地名地址点数据，包括坐标(x, y)、门牌号，WGS-84 坐标系。

(3)中心城区 2018 年市政专题空间数据，包括路灯、水井盖、煤气井盖、电杆、变压器等不同类型的点状要素，1980 西安坐标系。

(4)中心城区 2019 年表格形式的垃圾转运站、公共厕所，及其附近的门牌地址等市政专题数据。

(5)全市域 2019 年导航电子地图数据中的道路网和兴趣点信息，WGS-84 坐标系。

2. 市政管理信息系统建设要求：

(1)从已收集的数据中选取房屋、交通、水系、地名地址、兴趣点等要素进行整合处理，形成中心城区范围的基础要素图层，坐标系与 1 : 2 000 地形图一致。

(2)对表格形式的市政专题数据进行处理，形成空间数据图层，并与已有的市政专题空间数据一同建库。

(3)对市政管理专题要素图层进行更新，涉及路灯、水井盖、煤气井盖、电杆、变压器等，要求现势性达到 2020 年 6 月。

(4)开发市政管理信息系统，实现对市政管理基础要素图层、市政管理专题要素图层的管理，同时要求实现分层叠加、查询、统计、分析等操作。

☞ 问题：

1. 简述市政管理专题要素更新的步骤和技术方法。

2. 简述市政管理专题要素与最近的兴趣点进行关联和属性转存的步骤和技术方法。

3. 简述采用空间分析方法统计某兴趣点周边 360 m 范围内各种类型的市政要素数量的过程。

第五题(20 分)

某测绘单位承担了某隧道的贯通测量任务。

1. 项目概况：

隧道全长 4 757 m，单洞双线隧道，围岩以Ⅲ、Ⅳ级为主，除出口端 DK163+591.875—DK163+842 在曲线段外，其余均在直线段。整体以 15‰隧道呈单向上坡，属构造剥蚀形式的中低山地貌，沟壑纵横，山峦重叠。

2. 搜集资料情况：

国家高等级三角点 2 个，高等级水准点 1 个，线路首级控制网点 2 个。

3. 仪器设备：

6 台双频 GPS 接收机，DS1 光学水准仪一套，数字水准仪 1 套以及 2″全站仪 2 套。

4. 主要作业依据：

(1)《工程测量标准》(GB 50026 — 2020)；

(2)《公路勘测规范》(JTG C10 — 2007)。

施工测绘人员在洞外进出洞口处分别布设主控制点 1 个、方向点 3 个，共布设 GPS 控制点 8 个，并在主控制点加测二等水准进行高程控制。控制点埋设在隧道底板稳固的硬质基岩上，埋设 C 级 GPS 标石或埋设顶部刻“十”字标志的 $\phi 22$ 钢筋，并制作点之记，同时在附近用红油漆标明点号，以便于寻找。

洞内控制测量，主要布设主、副导线，用于隧道贯通测量和施工放样。

隧道洞外控制测量利用 GPS 相对定位技术，采用静态测量方式进行。

☞ 问题：

1. 说明施工单位进行地面控制测量前应做的测量内容及方法。

2. 说明洞外控制测量对控制点施测的主要技术要求。

3. 进行洞内控制测量，布设主、副导线应注意哪些方面?

第六题(20 分)

某测绘项目采用航空摄影测量方法生产 1 : 2 000 比例尺的数字地形图。

1. 测区概况：

测区面积约 5 000 km^2，东西长约 100 km，南北长约 50 km，测区地形类型为山地。

2. 技术要求：

原始影像采用真彩色胶片航空摄影像片，摄影相机型号为 RC-30，像幅为230 mm×230 mm，焦距为152 mm，摄影比例尺为1∶10 000，航片的航向重叠度为65%，旁向重叠度为35%，影像扫描分辨率为20 μm。

3. 数学基础：

（1）平面坐标采用2000国家大地坐标系。

（2）高程采用1985国家高程基准。

4. 作业情况：

项目承担单位在完成整个测区外业控制点施测、测量控制工作后，进行解析空中三角测量。在野外测绘工作完成后，进行内业作业和立体测图，然后对立体测图数据成果进行点位精度、属性精度、逻辑一致性和附件质量等方面的质量检查。

在内业作业中，精度要求：$m_h = \pm(a + b\tan\alpha)$，加密点高程中误差要求为0.8 m，注记点高程中误差要求为1.2 m，地物点平面位置中误差为图上0.8 mm。

☞ **问题：**

1. 本项目中，为检查等高线的作业质量而布设了部分检查点，检查点附近地面倾斜角为45°，当在实地不能直接找到衡量其高程精度的相应位置时，如何计算等高线的高程中误差？

2. 当新测的地形图与已成图或出版图接边时，对于公共点接边较差如何确定？

3. 简述本项目立体测图的工作流程（绘流程图）。

4. 该项目立体测图数据成果检查内容是否全面？若不全面，请予以补充。

第七题（20分）

某测绘单位采用航空摄影测量方法生产某测区1∶2 000比例尺的DEM（数字高程模型）、DOM（数字正射影像图）及DLG（数字线划图）。

1. 测区概况：

测区面积2 000 km²，东西长50 km，南北长40 km。测区内地形起伏较大，测区覆盖水滨、岛屿若干，航摄地貌环境比较复杂。采用数码航摄仪、POS、机载激光雷达（LiDAR）集成的方式获取航空摄影数据，在航空摄影前进行了GPS地面参考站的选点和测量工作。

2. 作业过程：

外业工作完成了野外控制点布设、测量以及验收等工作，内业进行了空中三角测量。项目外业基础工作完成后，承担单位工作人员利用全数字摄影测量工作站以及LiDAR数据处理软件进行DEM（数字高程模型）、DOM（数字正射影像图）及DLG（数字线划图）的生产，其中：DEM生产以LiDAR数据为基础，并结合航摄影像进行；DOM采用DEM数据，并对航摄影像进行数字微分纠正；DLG采用先内业后外业的成图生产方法。

最后，DLG生产结束后对DLG数据成果进行了质量检查，分步提交了DLG数据文件、质量检查（验收）报告、技术总结报告。

3. 数学基础：

（1）平面坐标：2000国家大地坐标系。

（2）高程系统：1985国家高程基准。

☞ **问题：**

1. 简述数码航摄仪、POS、机载激光雷达（LiDAR）集成方式航空摄影中，各部分的作用及所获取数据的主要用途。

2. 结合项目，利用框图表示DEM、DOM的生产流程。

3. 在“先内后外”作业过程中，外业调绘与补测的内容有哪些？针对水滨和岛屿地区，应如何全野外布设控制点？

4. 该项目DLG生产需要提交的成果是否全面？若不全面，请予以补全。

第八题（20分）

2017年10月，为了反映××省境界内的行政区划、道路交通、城镇分布、水系等基本地理情况，现委托××测绘单位编制一幅《××省地图》，以公开出版的形式为各级政府和专业部门提供工作用的挂图。

1. 该省位于中纬度地区，全境位于北纬20°09′—25°31′和东经109°45′—117°20′之间。全省陆地面积17.98万km²，属于东亚季风区，从北向南分别为中亚热带、南亚热带和热带气候，是中国光、热和水资源最丰富的地区之一。

2. 已有资料情况：

（1）2017年1∶25万××省公众版数字地图；

（2）《1∶100万省级界线画法标准样图》；

（3）标有2015年市、县界线的1∶25万DRG；

（4）1∶50万《××省地图》（2010年版）；

（5）《××省行政区划图》（2016年版）和近期政区、地名变更资料；

（6）2016年初出版的1∶50万《××省交通旅游图》；

（7）《××省山脉资料图》和《××省水系资料图》；

（8）2015年底更新完成的1∶100万该省全要素地形图数据DLG。

3. 编制要求：

（1）挂图为全开图幅，比例尺为1∶150万；

（2）根据挂图用途和该省的位置和形状，从墨卡托投影、方位投影、圆锥投影等常用地图投影中，为该图选择最佳的地图投影方式；

(3)挂图的地理要素包括主要河流、湖泊、大型水库，乡镇(含)以上居民地，乡级(含)以上公路，县级(含)以上境界，重要山脉等。

(4)挂图现势性要求到2016年12月。

☞ **问题：**

1. 分析挂图应选择的投影方式并说明理由。
2. 说明在编制该挂图的过程中制图资料的选择及用途。
3. 简述居民地要素选取的方法。

"测绘案例分析"仿真试卷五

第一题(20分)

某测绘单位承担了某铁路线上一标段隧道施工测量任务。

1. 测区概况：

该隧道长近4.5 km，沿线为丘陵地带，水系发达，植被茂盛，通视条件差，野外作业困难。东部进口处最低高程为300 m，西部出口处最高高程为700 m。隧道进口与出口均以桥梁与其他两标段相连。

2. 已有资料情况：

(1)测区内有国家高等级三角点2个、国家一等水准点1个；

(2)设计单位提供了线路的首级控制测量资料。

3. 主要人员、仪器设备：

专业测量人员6名人员，6台检测合格的双频GPS接收机、6台检测合格的单频GPS接收机、DS3光学水准仪5台，2台数字水准仪(每千米往返水准观测精度达0.3 mm，最小显示0.01 mm)以及2″全站仪3台套。

4. 作业依据：

(1)《全球导航卫星系统(GNSS)测量规范》(GB/T 18314—2024)；

(2)《国家一、二等水准测量规范》(GB/T 12897—2006)。

由于隧道双向施工的需要，施工测绘人员在线路首级控制的基础上，按C级GPS网观测的要求布设地面隧道控制网，并按二等水准测量的要求对隧道进洞口和出洞口进行高程联测。其中某GPS控制网采用3台标称精度为5 mm+5×D ppm的接收机观测3个时段，如图5-1所示。

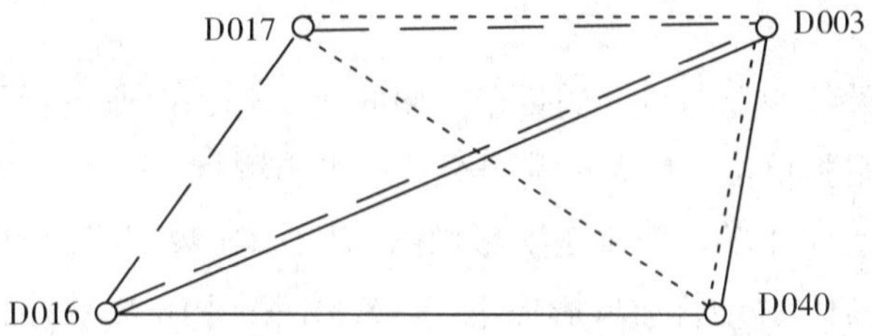

图5-1　GPS控制网网图

该 GPS 控制网基线解算结果见表 5-1。

表 5-1　　基线解算结果表

时段号	起点	至点	ΔX（m）	ΔY（m）	ΔZ（m）
1	D003	D017	1 749.036 3	983.030 7	-310.128 7
	* D016	D017	-974.634 0	-1 945.881 6	2 027.906 5
	* D003	D016	2 723.669 4	2 928.914 4	-2 338.036 8
2	D016	D040	-2 006.529 9	-1 737.218 1	1 024.381 2
	D003	D016	2 723.666 8	2 928.923 0	-2 338.045 0
	* D003	D040	717.138 7	1 191.698 0	-1 313.672 4
3	D003	D040	717.142 3	1 191.698 0	-1 313.669 5
	D003	D017	1 749.034 0	983.035 9	-310.128 4
	* D040	D017	1 031.891 2	-208.663 8	1 003.541 6

隧道进、出口各布设 2 个 C 级 GPS 控制点，由于 GPS 基线较长，埋设时均采用强制对中装置，布设成大地四边形构成的全导线网和交叉双导线网两种形式，确保精度正确贯通。

☞ **问题：**

1. 在现场采集数据之前，需要进行哪些前期准备工作？为满足工程需要，应选用哪些设备？并写出观测方案。

2. 计算该 GPS 网的特征条件，判断：重复边 D016～D003 是否合格，第二时段的同步环是否合格？案例中以“*”表示的 4 条边组成的闭合环是同步环还是异步环？

3. 本项目中，抵偿坐标系的投影面应如何选择？最终提交的成果有哪些？

第二题（20 分）

某公司承接一办公大楼的沉降变形观测任务。

1. 测区概况：

该建筑地下一层，地上 18 层，形状为“品”字形，尺寸如图 5-2 所示，作业单位已按照要求布设了 3 个符合规范要求的基准点（BM1、BM2、BM3），并在建筑修建至±0 时对基准点和监测点进行了一次初始观测，为保证数据的稳定可靠，以后每次观测监测点前都对基准点进行检测观测，并及时对数据进行了处理。

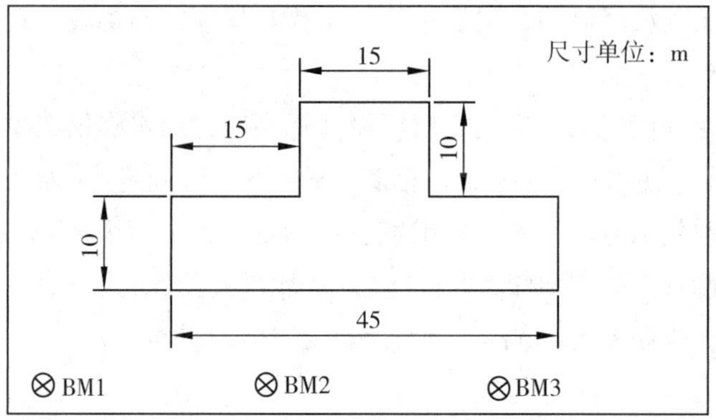

图 5-2　沉降观测点位布置图

2. 作业依据和要求：

作业严格按照《建筑变形测量规范》（JGJ 8—2016）《国家一、二等水准测量规范》（GB/T 12897—2006）等技术规范执行。

作业单位从 BM1 开始测量，总共测量了 22 站返回 BM1 点，组成一个闭合环，测量精度按照二级要求进行（即观测点测站高差中误差为±0.5 mm）。

测绘作业完成后提交了工程平面位置图及基准点分布图、沉降观测点位分布图、等沉降曲线图。

☞ **问题：**

1. 简述一般的建筑沉降观测点位宜选在哪些位置，并对本项目该建筑进行最优观测点布设。

2. 试计算该项目水准路线的最大闭合差及最弱点高程中误差（相对于 BM1 点）。（保留一位小数）

3. 该作业单位的生产作业过程是否有不妥之处？如存在，请说明。

4. 本项目作业单位应提交的资料是否完整？若不完整，请补充。

第三题（20 分）

某测绘单位承担了某小学的施工放样测量任务。

1. 项目概况：

该小学位于某地级市市区，楼高 5 层，建筑高度 22.7 m，规划 1 号楼为教学楼，2 号楼为综合楼，总建筑面积 1 280 m^2，集教学、办公于一体，由某公司设计和建设；公司按国际二级标准设计，其南面临近河道，北面临近城镇主干道，西面临近学林雅苑小区。

2. 施工放样任务：

施工放样工作内容包括：首级 GPS 平面控制网布置测量，施工控制网布置测量，楼样垂直度检测，建筑物主体工程沉降监测，建筑物主体工程日周期摆动测量。现阶段规划测量部门已将建筑控制点施测完毕。

为了控制基槽开挖深度，在即将挖到槽底设计标高时，用水准仪在槽壁上测设一些水平的小木桩，如图 5-3 所示，使木桩的上表面离槽底设计标高为一固定值(如 0.500 m)，用以控制挖槽深度。为确保施工时使用方便，一般在槽壁各拐角处和槽壁每隔 3～4 m 处均测设一水平桩，作为清理槽底和打基础垫层时掌握标高的依据。A 处水准尺读数为 1.534 m。

水平桩高程测设允许误差为±10 mm，假设槽底设计标高为-1.700 m。

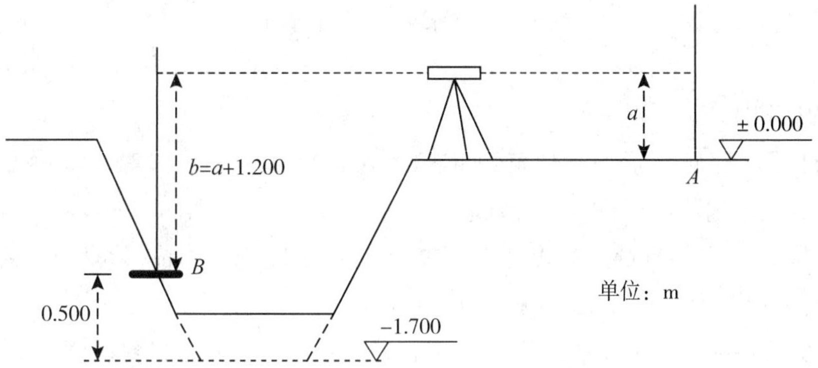

图 5-3

☞ 问题：

1. 施工测量前准备工作具体包括哪些?

2. 本工程±0.000 所对应的绝对高程为 201.800 0 m，在±0 的基础上可以用钢尺放出每层的高度。若已知水准点 A 的高程 H_A=24.376 m，要测设某设计地坪标高 H_B=25.000 m，简述具体测设步骤。

3. 为了控制基槽开挖深度，在即将挖到槽底设计标高时，如何使用水准仪，才能使开挖深度不超过槽底的设计位置?

第四题(20 分)

某测绘单位受某公司的委托，承接其开发小区的房产测绘任务。

1. 已有资料：

城市高精度 GNSS 平面控制网及 CORS 服务系统，测区内有二等点 2 个，D 级 GPS 点 4 个，国家二等水准点 3 个。

2. 作业依据：

(1)《房产测量规范　第 1 单元：房产测量规定》(GB/T 17986.1—2000)；

(2)《城市测量规范》(CJJ/T8—2011)；

(3)《全球定位系统实时动态测量(RTK)技术规范》(CH/T 2009—2010)。

3. 仪器设备：

GPS 接收机 4 台套、2″全站仪 3 台套、手持测距仪 2 台，3 台自动安平水准仪，以及房测之友房产绘图软件一套等。

该小区内某楼共有 16 层，1、2 层为商业层，1、2 层有公用大厅、管道井，分为 A、B 两单元；A、B 两单元楼有公用的相通的地下车库和人防空间，楼顶有电梯间和水箱间。

A 单元中有 2 部共有电梯，A 单元 1 层外墙共有面积为 18.04 m^2，电梯面积为 12.48 m^2，大厅面积为 40.5 m^2，管道井共有面积为 6.4 m^2。

B 单元 1 层外墙共有面积为 52.26 m^2，电梯面积为 12.48 m^2，大厅面积为40.5 m^2，管道井共有面积为 6.4 m^2。3 层以上是住宅，每单元每层共有阳台建筑面积 8.66 m^2，公共部位共有面积 39.38 m^2，外墙 15.13 m^2，建筑面积 642.42 m^2，套内面积 516.26 m^2。屋顶层为设备用房，其公共部位共用面积为 36.18 m^2，外墙为 2.8 m^2。

A 和 B 单元 3 至 16 层平面图如图 5-4 所示。A 和 B 单元屋面层平面图如图 5-5 所示。

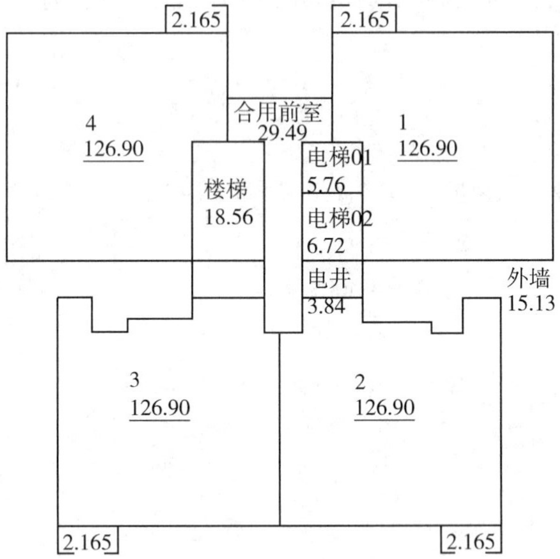

图 5-4　A 和 B 单元 3 至 16 层平面图

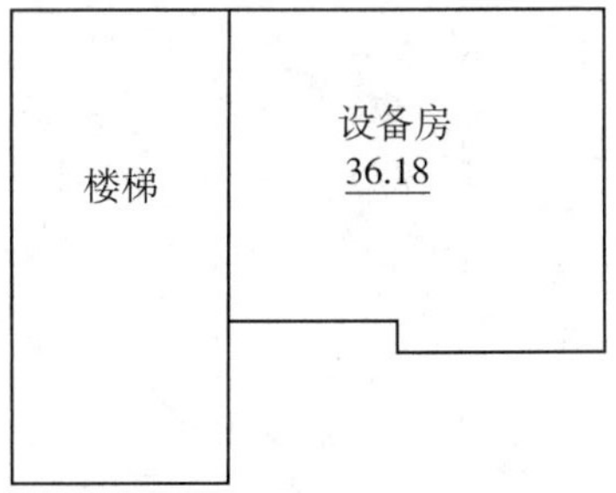

图 5-5　A 和 B 单元屋面层平面图

☞ 问题：

1. 简述该项目图根控制测量的作业流程。

2. A 单元哪些建筑物是可以分摊面积的?

3. 计算 16 层共有建筑面积和分摊系数，计算四户的室套内建筑面积和产权面积。

第五题(20分)

某测绘单位采用航空摄影测量方法对某高速公路进行1∶2 000带状地形图测绘。

1. 项目概况：

高速公路全线为山岭地带，最低海拔约100 m，最高海拔约900 m，地形复杂、交通不便。

2. 作业依据：

(1)《1∶500　1∶1 000　1∶2 000地形图航空摄影测量外业规范》(GB/T 7931—2008)；

(2)《1∶500　1∶1 000　1∶2 000地形图航空摄影测量内业规范》(GB/T 7930—2008)；

(3)《数字测绘成果质量要求》(GB/T 17941—2008)；

(4)《数字测绘成果质量检查与验收》(GB/T 18316—2008)。

3. 航摄技术要求：

测量人员在公路沿线进行D、E级GPS控制测量，同时进行像片测绘。然后利用VirtuoZo数字航摄测量软件进行内业空三加密，然后以空三加密成果和外业像片调绘数据为基础进行数字线划图的成果制作和生成1∶2 000地形图成果。

为了保证成图的精度，在1∶2 000航测成图作业过程中，像片控制测量平地、微丘地采用综合法全野外布点方案，隔片布点。重丘、山地采用平高区域布点的布设方案。具体为航向不超过6条基线，旁向不超过2条基线，按照平高区域网布点要求在标准点位布设像控点。当只有一条航线时，按单航带布点，采用分段6点法布设。

航摄单位严格执行了上述作业依据，完成测区摄影后，对航摄成果按航摄质量的要求，对全部成果资料逐项进行认真检查，并详细填写有关记录，确认航摄成果合格后提供给使用方。

☞ 问题：

1. 用框图的形式表示本项目生成1∶2 000地形图的进度流程。
2. 以框图的形式表示本项目航测法作业流程。
3. 简述像控点应满足的基本要求。
4. 本项目采用VirtuoZo3.6数字摄影测量工作站进行数据采集。按全要素地形图测绘要求，采集过程中必须注意的要点有哪些？

第六题(20分)

根据西北某地级市基础测绘工作的需要，准备采用航空摄影测量法生产1∶2 000比例尺数字高程模型(DEM)。前期已经完成了全部测区航空摄影、区域网外业控制点测设和解析空中三角测量等工作，且航空摄影成果已通过质检部门验收，其飞行质量和影像质量均满足规范和设计要求。

1. 测区概况：

该测区面积约为5 400 km^2，东西长约90 km，南北长约60 km，测区内陆地最低点高程为120 m，最高点高程为400 m，测区内含有一个大型蓄水库和一个较大的内陆湖泊。

2. 技术要求：

区域网外业像片控制点的精度和成果质量均符合规范和技术设计要求，质检部门已同意将该成果移交解析空三测量和后续工序使用。

DEM生产的技术指标见表5-2。

表5-2　**DEM生产的技术指标**

项目	格网尺寸(m)	高程数据取位(m)	山地高程中误差(m)	平地高程中误差(m)
参数	2.5	0.01	±1.5	±0.5

DEM生产精度指标：森林等隐蔽地区高程中误差按表5-2中高程中误差1.5倍计，高程中误差2倍为格网点数据最大误差的限差。

基于全数字摄影测量工作站生产DEM时，进行了前期资料准备工作，准备了原始数字航空像片和区域网外业像片控制测量成果等资料。

☞ 问题：

1. 简述利用航空摄影像片生产DEM的流程。
2. 对于区域内内陆湖泊和水库水域范围内的DEM高程值，应如何处理？
3. 本案例中，对测区内单模型DEM数据应如何进行接边处理？
4. 本案例中，DEM生产成果主要包括哪些内容？

第七题(20分)

1. 某省地图院根据省政府工作需求，于2020年6月开始编制一幅《某省水稻产量图》(以下简称为《产量图》)，以此来反映某省各县水稻的单产水平和各县水稻的总产量以及它们的分布规律。为省领导、农业部门及其他管理部门了解全省水稻产量的分布情况，为省农业发展规划的科学决策服务。

2. 根据《产量图》编制目的，收集了最新相关资料：

(1)某省2020年统计年鉴。

(2)2019年1∶100万数字地形图，覆盖某省及周边地区。

(3)某省2019年粮食播种面积和产量最新资料(到某省农业厅收集的)。

(4)《某省行政区划简册》(2020 版)。

3. 地图编制要求：

(1)制图区范围包括整个某省，采用矩形图幅。某省位于中国的中部，东经108°21′42″—116°07′50″、北纬 29°01′53″—33°6′47″，东西长约 725 km，南北宽约462 km。考虑到某省平面图形的形状，采用 4 开(510 mm×360 mm)，数量 50 份。

(2)由于需要的数量较少，用高精度彩色喷墨打印机打印输出，再用压膜的精装形式。

(3)要求用全数字地图制图技术编辑、处理和制作地图数据。

(4)地图的现势性要求到 2019 年 12 月。

☞ 问题：

1.《产量图》宜采用多大的比例尺？采用横版还是竖版？简述理由。

2. 简述《产量图》的地理底图编制方法。

3. 简述《产量图》专题要素的设计与编制。

第八题(20 分)

某市城市道路养护管理中心依据自身业务职能需求拟建立全新的城市道路巡查管理系统，将其作为城市管理信息系统中的城市交通子系统。

1. 任务概况：

某市交通委员会是政府交通决策部门，下辖“两局一队”，即路政局、运输管理局和交通执法总队，主要负责运筹决策交通发展建设，领导改进交通行业管理工作，协调解决交通运行中的重大综合性、突发性问题。

根据市政府下发《关于推广某区城市管理经验建立信息化城市管理系统的意见》精神建立了市级管理平台，同时要求水、电、气、热、环卫等公共服务企业，政府有关部门，应急指挥中心及便民电话与市级平台对接。

2. 系统建设要求：

城市管理信息系统城市交通子系统的总体建设目标为：精细化城市管理。具体建设内容包括：道路动态信息采集；道路应急抢险事件处理；养护单位部分考评结果的自动生成和公示；道路动态信息和养护信息共享；城市道路动态信息。

(1)系统部署：

①指导系统开发者实施部署过程；②指导用户建立部署环境。

(2)系统集成：

①对系统数据的集成；②对系统功能模块的集成；③对系统表示的集成。

3. 使用对象：

①某市交通委；②某市交通信息中心；③某市城市道路养护中心。

☞ 问题：

1. 本系统部署的基本单位及其构成是什么？

2. 本系统部署模式主要分为哪几类？

3. 简述本系统集成的内容、方式、步骤以及遵循的标准和规范。

“测绘案例分析”仿真试卷六

第一题(20 分)

某测绘单位承接了某市高程控制网的全面复测工作，并在该市用 GPS 技术建立四等大地控制网，修复部分已损坏的 D 级 GPS 控制点。

1. 测区概况：

测区控制范围大约 260 km^2，水准路线布设范围基本为平原地区，地形起伏不大，平均高程为 30 m。水准路线都在建成路上，交通便利。

2. 已有资料情况：

(1)测区内水准网 2004 年复测资料，测区内 1∶20 000、1∶10 000 和 1∶50 000 现状地形图。

(2)测区内水准点的全套资料，计基岩水准点 2 个，岩层普通水准标石 2 个，基本水准点和普通水准点约 430 个。

(3)D 级 GPS 网控制点的整套资料，计基岩天线墩 46 个，土层天线墩 10 个，高等级 C 级 GPS 点 12 个。

3. 工作量及人员、设备：

4 个水准观测组，1 个 GPS 控制观测组，约 40 名技术人员和若干辅助人员参加作业，数字水准仪 6 台套，双频 GPS 接收机 6 台套，以及相关测绘仪器设备，交通车辆 2 辆，外业观测时间 3~6 月，内业数据整理、平差计算 1 个月，验收 1 个月。

4. 主要作业依据：

①《全球导航卫星系统(GNSS)测量规范》(GB/T 18314—2024)；

②《国家一、二等水准测量规范》(GB/T 12897—2006)；

③《测绘作业人员安全规范》(CH 1016—2008)。

☞ 问题：

1. 一、二等水准测量测段往返高差不符值超限，重测后成果应如何取舍？

2. 为什么精密水准测量采用“后—前—前—后”和“前—后—后—前”的顺序进行观测？一、二等水准观测过程中，i 角应如何进行检校？

3. D 级GPS网中有一条重复基线向量，其观测值分别为 8 570.274 m、8 570.280 m、8 570.282 m、8 570.284 m 和 8 570.278 m。若接收机的标称精度为 5 mm±1 ppm，通过计算说明该基线向量的观测值是否合格。

第二题(20 分)

某测绘单位承接了某市的地形图测绘项目，采用航空摄影测量方法进行。

1. 摄区概况：

摄区位于华北中部，范围是东经 114°00′00″—115°30′00″，北纬 37°00′00″—38°00′00″。摄区东西向 132 km，南北向 112 km，为一矩形区域，总面积为14 784 km^2。

测区地势西高东低，全测区包含平地和丘陵两种地形，海拔高度平地最低点为 23 m，最高海拔为 247 m。测区内低点平均高程为 32 m，高点平均高程为 198 m。

本次航空摄影选用 RC-30 航摄仪，焦距选用 152.4 mm，像幅为 23 cm×23 cm。

2. 航空摄影基本技术要求：

(1)航摄比例尺为 1∶20 000。

(2)航向重叠度要求为 65%，最小不得小于 60%；旁向重叠度要求为 35%，最小不得小于 25%。

(3)航线敷设按常规的东西向敷设；航向覆盖超过测区边界线不少于 2 条基线，旁向覆盖超出测区边界线不少于像幅的 50%。

(4)采用 GPS 导航，按设计坐标曝光；不敷设构架航线。

☞ 问题：

1. 项目摄影基准面以及相对航高、绝对航高分别是多少？

2. 摄区最高点和最低点的重叠度是多少？

3. 能够满足规范要求进行航空摄影所需的最少分区数是多少？

4. 摄区航线条数和每条航线像片数分别是多少？

第三题(20 分)

某地区为了满足城市规划工作的要求，计划委托某测绘单位采用卫星生产6 000 km^2的数字正射影像图(DOM)。

1. 测区概况：

该测区位于华北的一个城市，总面积约 6 000 km^2。全测区包含平地和丘陵地两种地形，其中，绝大多数是平坦地区，约占整个测区面积的90%；测区内有少量丘陵地区，主要集中在测区的北部，其面积约占整个测区面积的10%；测区内海拔高度平地低点为30 m，丘陵地最高海拔为100 m。

2. 其他已有资料情况：

(1)控制点：按照卫星影像加工的成熟工艺，正射影像纠正所需要的所有控制点(主要从高精度地形图或影像图获取)，经与甲方协商，本项目从上一年度的1：2 000数字正射影像图中图解足够的控制点。

(2)数字高程模型成果：整个测区的数字地面高程模型工作已完成，成果合格并通过验收，同意移交给下一道工序使用。

3. 主要执行规范：

(1)《基础地理信息数字产品 1：10 000　1：50 000 生产技术规程　第 3 部分：数字正射影像图(DOM)》(CH/T 1015. 3—2007)；

(2)《基础地理信息数字产品 1：10 000　1：50 000 数字正射影像图》(CH/T 1009—2001)；

③《数字测绘成果质量要求》(GB/T 17941—2008)；

④《数字测绘成果质量检查与验收》(GB/T 18316—2008)。

平面坐标系统：1980 西安坐标系。高程系统：1985 国家高程基准。

前期已完成了卫星影像采供工作，根据甲方要求，1：1 万数字正射影像图(DOM)生产采用 IKONOS 卫星影像，共包括 4 个波段，其中全色为 1 m 分辨率，多光谱为 4 m 分辨率，原始影像数据为 20 景，约 20GB，主要数据格式为 TIFF。该资料已经通过质检部门验收，影像资料齐全，具有完整的卫星参数，每景数据均分别含有全色、多光谱(红、绿、蓝、红外)数据，影像数据清晰，色彩较真实，能够满足设计要求。

☞ **问题：**

1. 卫星影像数据与常规的航空影像数据有什么不同？
2. 用框图表示卫星影像进行 DOM 生产的流程，并简述每个环节的主要工作内容。
3. 基于卫星影像的 DOM 生产应提交的成果有哪些？

第四题(20 分)

某市为了全面完成全市建成区建设用地和宅基地确权登记发证工作，开展城镇地籍调查工作。该市建成区面积为50 km²，该市3 年前已经完成了1：500 比例尺地籍测量。由于土地权属、土地用途变化等，需要进行地籍变更调查。

1. 已有资料情况：

(1)该市国土局提供的8 个 D 级 GPS 点的平面坐标(1980 西安坐标系)，四等水准高程(1985 国家高程基准)。

(2)3 年前 1：500 地籍图。

(3)地籍调查表及相关权属资料等。

2. 主要技术依据：

(1)《第二次全国土地调查技术规程》(TD/T 1014—2007)；

(2)《城镇地籍数据库标准》(TD/T 1015—2007)；

(3)《全球定位系统城市测量技术规程》(CJJ 73—2010)；

(4)《城市测量规范》(GJJ/T 8—2011)。

数学基础：平面坐标系统采用 1980 西安坐标系、3°分带高斯正射投影。高程系统采用 1985 国家高程基准。

☞ **问题：**

1. 简述变更地籍调查需要收集的资料。
2. 检查某城区开发项目用地的界址点 $J_1 \sim J_{21}$，求得界址点差的 x 平方和 Δ_x^2 为 125 cm，y 平方和 Δ_y^2 为 49 cm，求界址点点位中误差(保留 2 位小数)。
3. 简述界址调查的内容。

第五题(20 分)

某市根据基础测绘规划和市政府相关部门的需求，需对该市沿海、沿江的滩涂实施 1：10 000水下地形测量。

测区属亚热带季风气候区，受季风气候影响明显。东部受大面积海洋水体的调节作用，西北到西南部群山环绕，对冬季寒风侵袭起到阻隔作用。本海区均属强潮区半日型潮流，大潮期间多数地区流速大于 1 m/s。属正规半日潮，一天"二高二低"现象明显。测区范围为从 *A* 地到 *B* 地狭长的海岸带，水下地形测量部分距离海岸线 5 km。

项目任务是完成 1：10 000 水下地形测量，提供当地平均海平面基准下的高程数据、CGCS2000 坐标系下的 UTM 坐标，并绘制水下地形图。

1. 已有的资料准备：

(1)测区内已有 1：10 000 的地形图，可作为控制网设计、选点用图；

(2)相关技术规范和标准；

(3)长期验潮站资料包括：布设了 1、2、3 三个潮位站，3 站为长期验潮站，前期已经有 13 年的潮位观测资料；1、2 站为短期验潮站。1 站和 2 站间距离为 10 km，2、3 站间距离为 60 km；

测量水域位于1、2站之间，水下地形垂直基准采用当地平均海平面。

2. 成果主要技术指标及规格：

(1)平面坐标系统：城市坐标系，高斯投影3°分带；

(2)陆上高程系统：1985国家高程基准；

(3)水深基面：当地理论深度基准面；

(4)测图比例为1∶10 000，等深线间距1 m；

(5)定位精度要求10 m，测深精度要求1%水深；

(6)交叉点测深不符值均方根要求小于0.8 m。

3. 已有设备情况：

水下地形测量采用的设备应包括：

(1)定位设备(GPS)：根据测量比例尺、精度和测量环境采用信标GPS接收机。

(2)声速测量：应该根据水深以及区域温度、盐度变化采用声速剖面仪，在淡水区可采用温度计。

(3)验潮仪：对于需要架设临时验潮站的情况，可采用水尺验潮、波潮流仪、压力式验潮计。

(4)水准测量：水准仪或者全站仪。

(5)其他辅助设备：姿态传感器和光纤罗经等辅助设备；辅助设备还包括计算机、发电机等其他设备。

4. 人员：项目运行应采用项目组长负责制；项目执行中各项执行应启用具有丰富经验的专业人员作为该项工作完成的负责人，人员安排应考虑人员安全。

☞ 问题：

1. 测深线布设原则是什么？

2. 在本项目中，经同步验潮资料分析，验潮站1、2之间最高潮差为0.3 m，假设测区水深不大于10 m，测深精度为±10 cm，请问1、2站间需要分带改正吗？若需要分带，应该分为几带？(2个验潮站之间分带数，按照 $K = 2 \times \Delta h/\sigma$ 计算)

3. 如何根据这3个验潮站分别观测的潮位数据，获取测量水域测量船的瞬时水位？

第六题(20分)

某测绘单位(具有乙级测绘资质)完成了该市主城区某小区房产测绘任务，该项目一共有50栋小高层，建筑面积为20万 m^2，占地面积为1 000 005 m^2，其中单栋最大建筑面积为1.1万 m^2，地下室建筑面积为1.2万 m^2。

测绘任务主要有：房产平面控制测量、房产调查、房屋要素测量、房产图绘制、房产分户以及成果资料的检查与验收。

房屋面积的测算精度按《房产测量规范》二级要求，房产平面控制测量利用竣工测量的控制测量成果，房产图分幅按1∶500比例尺标准分幅。

1. 已有资料情况：本测区已有控制成果资料、本项目的房屋用地文件、各建筑的规划审批及验收文件、各建筑的设计文件、各建筑的房屋预售文件、建设工程竣工测量成果报告及其控制导线测量资料。

2. 作业依据：

(1)《房产测量规范　第1单元：房产测量规定》(GB/T 17986.1—2000)；

(2)《测绘产品质量评定标准》；

(3)《地籍图图式》(CH 5003—1994)；

(4)国家和相关部门发布的相关政策文件等。

3. 收费标准：

(1)房屋测绘按建筑面积1元/m^2；

(2)分幅分丘图收费标准按照2009年测绘生产定额二级标准，见表6-1。

☞ 问题：

1. 本项目中该公司总共收费金额是多少？按照最新的《测绘资质分类分级标准》，该单位有没有违规承接业务，简述理由。

2. 某幢楼1~5层平面示意图如图6-1、图6-2所示，其中一层为商业用房，北侧为全封闭阳台；2~5层为住宅，南、北两侧为全封闭阳台。共有部分如图6-1、图6-2所示(各层1/2外墙由全楼共同分摊)。住宅和商业的分摊系数各是多少？

表6-1

工作项目	计量单位	成本定额			主要工作内容	说　明
		Ⅰ	Ⅱ	Ⅲ		
房产测绘					图根控制测量，界址点测量，地籍调绘，面积量算，分幅平面图测绘，分丘平面图绘制，检查修改，成果资料整理	本定额不含房产调查、房产确权和分户图绘制定额；本定额为建筑与工业区定额，若为一般地区定额减少28%
1∶1 000	幅	58 200.78	69 071.60	82 514.83		
1∶500	幅	16 166.84	19 156.78	22 827.67		

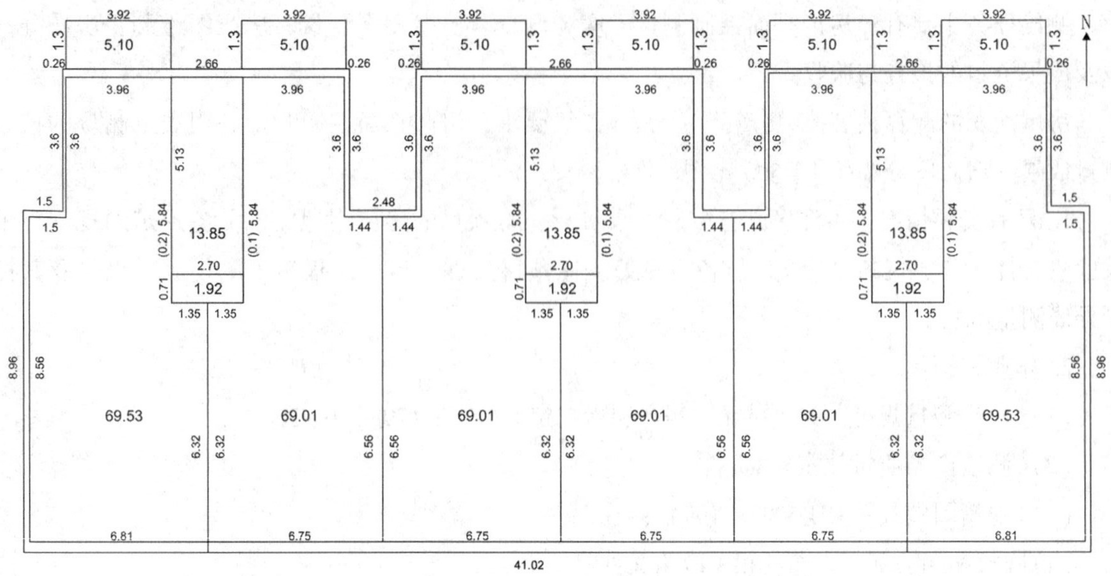

1层建筑面积：486.56+5.1×6

图 6-1

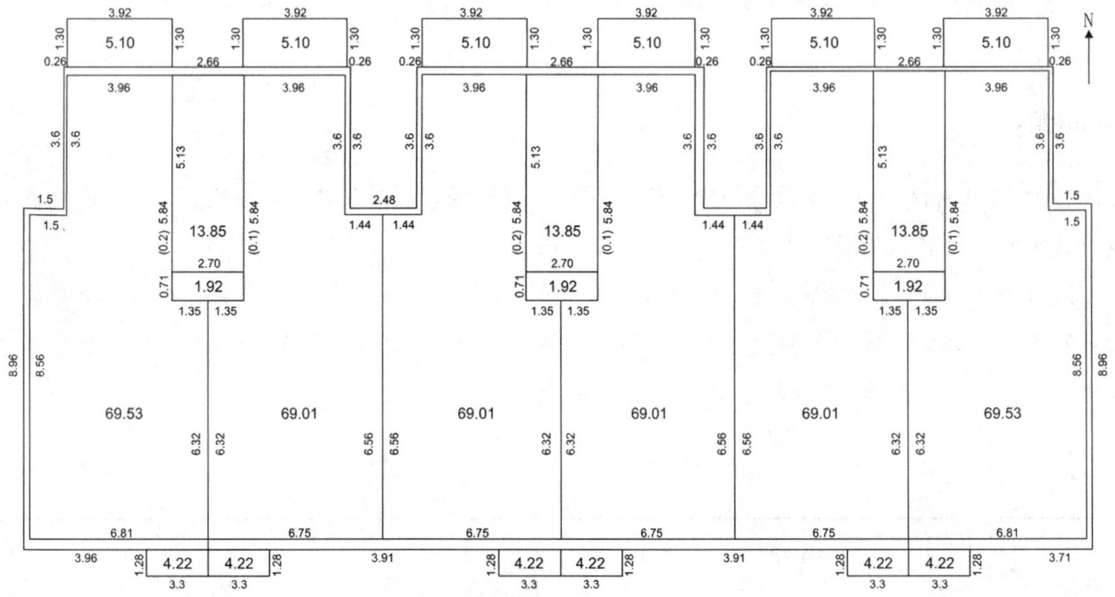

2~5层各层建筑面积：486.56+5.1×6+4.22×6

图 6-2

第七题(20 分)

1. 某市领导经常到基层实地考察，需要使用地图，有些市政府管理部门常常在野外使用地图，纸质地图携带不方便，容易破损。根据领导和管理工作用图需要，某市国土测绘处于 2020 年 6 月开始编制《某市影像(丝绸)地图》(以下简称《影像(丝绸)地图》)，以此来提升某市测绘地理信息服务政务工作水平。

2. 根据《影像(丝绸)地图》编制目的和用途，收集了最新相关资料：

(1)2019 年 12 月的分辨率为 20 m 的全市彩色卫星影像数据，基础色调为灰绿色，由于影像获取时间不完全一致，有色差。

(2)2018 年的 1：5 万某市数字地形图(DLG)。

(3)2019 年 12 月 1：20 万某市交通旅游图。

(4)《某市行政区划简册》(2020 版)。

3. 编制要求：

(1)某市范围是东经 112°57′—114°3′，北纬 22°26′—23°56′，南北方向长约为 171 km，东西方向宽约为 116 km。《影像(丝绸)地图》设计为标准全开，尺寸为787 mm×1 092 mm。

(2)《影像(丝绸)地图》以最新的表现形式、以形象直观的地图语言反映城市建设现状，交通、水系、地形地貌等基础地理信息，地图以精美的写真影像结合地图符号、注记全面地反映了某市城市建设成就、优美的自然环境以及与人们日常生活息息相关的其他地理信息，提升测绘地理信息服务保障水平。

(3)《影像(丝绸)地图》现势性要求到 2019 年 12 月。

☞ 问题：

1.《影像(丝绸)地图》宜采用多大的比例尺？采用什么版式(横竖版)？简述理由。

2. 说明编制《影像(丝绸)地图》所采用的资料和用途。

3. 简述影像数据处理的内容和方法。

第八题(20 分)

某测绘单位承担了某市的“DLG 数据库”建库任务，根据数据生产单位提交的1：50 000矢量数据建立 DLG 数据库，提高地图数据的管理和应用服务水平。

1. 任务：

DLG 数据库建设主要包括：入库数据检查、处理与验收，数据库设计与建库，数据库管理系统开发。

2. 建库技术设计：

针对 DLG 数据库集成业务的需求，借鉴已有空间数据库建设的经验，DLG 数据库建设采用“关系数据库管理系统+空间数据引擎”的空间数据管理模式，以满足对 DLG 数据库海量数据的集成管理。

3. DLG 数据库系统结构设计：

数据库系统结构采用 C/S 结构+B/S 结构的组合模式，C/S 结构部分是核心业务模块，B/S

结构部分是系统的数据服务模块。

4. DLG数据库建库功能设计：

DLG数据库建库功能包括数据入库检查、安全管理、视图管理、查询检索、元数据管理、数据输出、数据分析、专题图制作、数据库维护、数据服务模块等，其中在数据服务模块中用户可以通过浏览器浏览数据的一些基本情况，如数据类型、数据范围、元数据信息等，确定数据订单，并通过中心内网传递到数据库，产生数据服务请求信息；同时，用户可以通过浏览器查询订单的状态，如正在处理、已经处理完毕等。

☞ 问题：

1. 结合空间数据库管理技术现状，设计针对本项目的数据库建库软件环境。
2. 简述DLG数据库系统结构中C/S结构和B/S结构各自负责的任务(功能)。
3. 用框图描述DLG数据库建库流程。

"测绘案例分析"仿真试卷七

第一题(20分)

某城市的基础控制网，因受城市建设、自然环境、人为活动等因素的影响，测量标志不断地被损坏、销毁。为了保护基础控制网的功能，该市决定对基础控制网进行维护，主要工作内容包括控制点的普查、补埋、观测、计算及成果的坐标转换等。

1. 已有资料情况：原D级GPS控制点所有成果、国家高等级C级GPS控制点3个等。

2. 主要作业技术要求和规范：

(1)《全球导航卫星系统(GNSS)测量规范》(GB/T 18314—2024)；

(2)《测绘成果质量检查与验收》(GB/T 24356—2023)；

(3)《测绘技术设计规定》；

(4)《测绘技术总结编写规定》。

经过控制点巡查工作，发现已损坏的D级GPS控制点30个，需要重新选点埋石、观测计算成果等。准备采用5台接收机进行观测，每点观测2个时段。

该城市的基础控制网中，GPS某一网中有四边异步环，按顺序各边基线向量坐标分别为(−974.634 0，−1 945.881 6，2 027.906 5)(2 723.669 4，2 928.914 4，−2 338.036 8)(−717.138 7，−1 191.698 0，1 313.672 4)和(−1 031.891 2，208.663 8，−1 003.545 6)。

☞ 问题：

1. 计算该GPS网的特征条件：

(1)该GPS网总的观测时段数。

(2)一个时段的同步基线数和独立基线数。

(3)该GPS网总基线数、必要基线数、独立基线数、多余基线数。

(4)该GPS网的平均多余观测分量是多少？

2. 若接收机的标称精度为5 mm±1 ppm，通过计算(给出必要公式)说明该异步环是否合格？(坐标单位：m)

第二题(20分)

某测绘地理信息单位根据某地区基础测绘工作的要求，准备生产该地区1∶1万比例尺的数字地面高程模型(DEM)。为了做好准备工作，前期已安排完成了全部测区的航空摄影、区域网外业控制点的测设和解析空中三角测量(空三加密)等工作。

1. 测区概况：

位于华北地区的一个地级城市，总面积约5 600 km^2。地形类别为丘陵地，测区内海拔高度平均低点为10 m，最高海拔120 m。航空摄影采用传统的航空摄影方式，航摄总面积为5 600 km^2，航摄比例尺1∶1万，航摄像机型号为RC-30，像幅为23 cm×23 cm，航摄仪焦距为152 mm，影像扫描分辨率为0.02 mm，像片类型为黑白片。

2. 已有资料情况：

(1)区域网外业像片控制点测量成果情况：

①整个测区航线按每4条基线布设一个平高控制点的间隔，进行航线布点，旁向按每2条航线布设一排平高控制点的方案进行布点，且点与点之间的间隔均为4条基线。

②在此基础上，在航带每2排平高控制点之间另增加1排高程控制点，以确保每条航线都有2排高程控制点，从而保证丘陵地区的内业高程精度。

③区域网外业像片控制点的精度和成果质量均符合规范和技术设计的要求。

(2)解析空中三角测量成果基本情况：

整个测区的解析空中三角测量的工作已全部完成，其成果质量符合规范和技术设计的要求。

3. 主要技术要求和规范：

①《基础地理信息数字产品1∶10 000 1∶50 000生产技术规程 第2部分：数字高程模型(DEM)》(CH/T 1015.2—2007)；

②《基础地理信息数字产品1∶10 000 1∶50 000数字高程模型》(CH/T 1008—2001)；

③《基础地理信息数字产品1∶10 000 1∶50 000生产技术规程 第1部分：数字线划图(DLG)》(CH/T 1015.1—2007)；

④《数字测绘成果质量要求》(GB/T 17941—2008)；

⑤《数字测绘成果质量检查与验收》(GB/T 18316—2008)；

平面系统采用1980西安坐标系；高程系统采用1985国家高程基准。

航空摄影成果已通过质检部门的检查验收，其飞行质量和影像质量均满足规范和设计要求。

☞ 问题：

1. 用框图表示全数字摄影测量工作站进行DEM生产的主要工作流程及第三步环节应注意的问题。

2. 利用全数字摄影测量工作站进行DEM生产，需要准备哪些必要的资料和成果？

3. 本项目中高程的估算精度是多少？(保留2位小数)

4. DEM数据生产完成后需要上交哪些主要成果？

第三题(20分)

某测绘院受某市国土资源局的委托，承担该市某镇的地籍调查及数据库建设工作。该项目的目的是加快城市管理信息化建设步伐，科学管理国土资源、信息，充分实现国土资源信息共享，更有效地进行国土资源的监测和保护，合理开发和利用土地，建设现代化的国土资源、信息化系统，满足日常土地管理与更新工作的需要。

1. 测区概况：

测区范围约110 km^2，其中100 km^2的范围重新测量，原有10 km^2初始地籍调查进行变更调查，对新变化的进行补充调查。主要工作是城镇地籍调查及数据库建设。

2. 主要技术依据：

(1)《第二次全国土地调查技术规程》(TD/T 1014—2007)；

(2)《城镇地籍数据库标准》(TD/T 1015—2007)；

(3)《全球定位系统城市测量技术规程》(CJJ 73—1997)；

(4)《城市测量规范》(GJJ/T8—2011)；

(5)《测绘成果质量检查与验收》(GB/T 24356—2023)。

数学基础：平面坐标系统采用1980西安坐标系、3°分带高斯正射投影。

高程系统：采用1985国家高程基准。

在变更地籍调查过程中发现某城区开发项目用地的界址点$J_1 \sim J_{10}$，求得界址点差的x较差Δ_x为125 cm，y较差Δ_y为49 cm。

☞ 问题：

1. 简述基本地籍图的主要内容。

2. 简述地籍测量的主要作业步骤。

3. 计算本工程项目界址点点位中误差(保留2位小数)。

4. 简述地籍数据库管理系统的主要功能需求与设计。

第四题(20分)

某测绘单位承接了某铁路扩能改造工程的隧道贯通测量任务。

1. 项目概况：

某铁路为Ⅰ级双线铁路，正线铺轨约 370 km。全线桥隧比为 83%左右，旅客列车速度目标值为 200 km/h。其中，位于某县和某市某区交界的盘龙寺隧道全长 9 413 m，是整个项目控制性工程之一，同时也是某线上难点工程之一。隧道所在的地区山多地少，有利于施工的条件受限。

2. 已收集资料情况：

(1)在隧道口附近，线路初测时已埋设四等 GPS 控制点 6 个，每端各 3 个，且两点间互相通视；

(2)在隧道口附近，线路初测时已埋设四等水准点 4 个，每端各 2 个；

(3)隧道施工设计图纸；

(4)隧道洞口地形图。

现有的仪器设备：经检定合格的全站仪、GPS、数字水准仪、陀螺仪等。

3. 主要技术要求和依据：

(1)《高速铁路工程测量规范》(TB 10601—2009)；

(2)《工程测量标准》(GB 50026—2020)。

为确保隧道顺利贯通，施工单位采用了一个斜井，四个工作面的施工方案进行掘进。洞外控制测量采用 GPS 控制网，洞内控制测量采用导线控制测量方法，高程控制采用精密水准测量方法进行。

洞口两端各埋设 3 个 GPS 控制点，采用大地四边形进行控制测量。

☞ 问题：

1. 布置洞内导线时应注意哪些事项？
2. 简述提高隧道贯通测量精度的具体措施。
3. 地面平面控制测量对横向贯通的影响值的允许值是多少？

第五题(20 分)

某市新建城区为了完成总体规划修编工作，需要测绘新建城区规划范围内的老城区、新城区以及开发区的 1：1 000 地形图，建立基础地理信息数据库。

1. 测区概况：

测区概略中心地理位置为东经 113°54′50″，北纬 24°29′30″，平均海拔高程约140 m。属浅丘地貌，沟谷宽敞，沟谷内多水田，坡地多旱地和少量果园，成片树林较多，居民地均为散列式分布，房屋以砖房为主，房屋周围多竹林和散树及零星果树。测区内总面积约为 80 km^2，交通方便。

2. 已有资料情况：

某市测绘院提供的 C 级 GPS 控制点 3 个，D 级 GPS 控制点 15 个，分别位于测区范围附近，一等水准点 2 个，二等水准点 10 个。经过实地踏勘检查，标石保存完好，可以作为本次项目首级控制测量的起算成果。

3. 主要作业依据：

①《工程测量标准》(GB 50026—2020)；

②《全球定位系统城市测量技术规程》(CJJ 73—1997)；

③《国家基本比例尺地图图式　第 1 部分 1：500　1：1 000　1：2 000 地形图图式》(GB/T 20257. 1—2017)；

④《基础地理信息要素数据字典　第一部分 1：500　1：1 000　1：2 000 比例尺》(GB/T 20258. 1—2019)；

⑤《1：500　1：1 000　1：2 000 外业数字测图规程》(GB/T 14912—2017)；

⑥《国家三、四等水准测量规范》(GB 12898—2009)。

4. 主要技术要求：

采用 2000 国家大地坐标系，1985 年国家高程基准。地图比例尺为 1：1 000，图幅采用 50 cm×40 cm 标准分幅；图幅号采用图幅西南角坐标(x，y)的千米表示，x 坐标在前，y 坐标在后，中间以短线连接；图号由东往西、由南往北用阿拉伯数字按顺序编号，即 1、2、3……图幅内有明显地形、地物名的应标注图名。

☞ 问题：

1. 若按每幅图最少需要 4 个图根控制点的要求，需要布设图根控制的最少个数是多少？
2. 简述地形图内业应检查的内容。
3. 项目完成后应提交的成果有哪些？

第六题(20 分)

某测绘单位受某公司的委托，承接某新建园林小区的房产测绘工程项目。

1. 项目概况：

小区共有建筑 28 幢，建筑面积约 10 万 m^2，其中有独幢独单元共 9 层住宅楼，一梯两户，实测尺寸见表 7-1，其中 101、102 房间套内建筑面积分别为 50. 00 m^2(含阳台建筑面积2. 00 m^2)，51. 00 m^2(含阳台建筑面积 3. 00 m^2)，2~9 层 01、02 房间套内建筑面积分别为 52. 00 m^2(含阳台建筑面积 4. 00 m^2)，53. 00 m^2(含阳台建筑面积 5. 00 m^2)。所有共有面积均分摊给住宅功能区；主要工作内容包括房产平面控制测量、房产调查、房屋要素测量、房产图绘制、房产分户。

表 7-1

功能	幢(楼)号	层次	房号	套内建筑面积(m^2)	功能共有面积和(m^2)	分摊前本层建筑面积(m^2)
住宅	1 号楼	首层	101	50.00	9.00	110.00
			102	51.00		
		2~9 层	01	52.00	100.00	940.00
			02	53.00		
		附属层			10.00	10.00

2. 主要作业依据：

(1)《房产测量规范　第 1 单元：房产测量规定》(GB/T 17986.1—2000)；

(2)《房产测量规范　第 2 单元：房产图图式》(GB/T 17986.2—2000)；

(3)《房产测绘管理办法》。

☞ **问题：**

1. 简述建筑物外围测量的要求。
2. 简述房屋面积测算的工作内容有哪些?
3. 根据工程项目中所述，计算各套房屋建筑面积，并将结果填入表 7-2。

表 7-2

部位及房号		建筑面积(m^2)	其　中			共有面积分摊系数:
			套内建筑面积(含阳台)(m^2)	阳台建筑面积(m^2)	分摊的共有建筑面积(m^2)	备　注
1 层	101					
	102					
2~9 层	01					
	02					
总计						

第七题(20 分)

某单位承接某市交通旅游图的编制任务，该市位于中低纬度地区，河流、湖泊密布，旅游景点众多，交通发达。2016 年以来，新修多条公路，新建高铁通车里程达 200 km，经济发展迅速。

1. 收集到的资料：

(1)2016 年底更新完成的 1∶10 万本区域全要素地形图(DLG)数据，该数据中居民地、水系、交通和旅游等要素内容详细，分级合理；

(2)2018 年底更新完成的 1∶5 万该市全要素地形图(DLG)数据；

(3)2019 年交通部门编制出版的 1∶20 万《某市交通图》；

(4)2019 年旅游部门编制出版的 1∶20 万《某市旅游图》；

(5)2020 年 1 月成像的 1 m 分辨率卫星影像。

2. 交通旅游图编制要求：

(1)交通旅游图幅面为全开，比例尺为 1∶15 万；

(2)挂图内容以交通为主，兼顾旅游、行政区划、地名和水系等其他地理要素。道路分高速铁路、铁路、高速公路、国道、省道、县乡道及以下等六类；旅游要素分类分级表示；居民地、水系和山峰等地理要素择要表示；

(3)交通旅游图的现势性截至 2019 年 12 月。

☞ **问题：**

1. 简述收集到的各种资料的用途。
2. 简述交通旅游图道路要素的编绘方法。
3. 简述交通旅游图旅游要素的编绘方法。

第八题(20 分)

某市为实现地下管网的科学、高效和统一管理，须进行地下管网信息系统的建设工作。

1. 已收集的资料有：

(1)全市 2017 年测绘生产的 1∶2 000 全要素地形数据(DLG)。

(2)全市 2019 年测绘生产的 1∶2 000 正射影像图数据(DOM)。

(3)全市 2019 年测绘生产的 1∶2 000 地下管线数据，包括给排水、通信信息、电力线、广播电视、燃气、热力管道等要素。

(4)全市地下管线调查资料，调查时间为 2018 年。

2. 地下管网信息系统建设技术要求：

(1)具有 GIS 基本功能；

(2)具有对不同类别管网的空间分析功能；

(3)具有对实时采集的管网数据进行更新的功能；

(4)支持网络办公；

(5)主要服务器部署在城市建设规划局信息中心，数据库服务器按各类管网主要部门分类部署。按照基础地理数据和专题数据分别建库。

☞ **问题：**

1. 本项目系统采用软件依赖式开发，请说明开发使用的 GIS 系统平台软件选择需要考虑的因素。

2. 系统开发中，软件结构应采用 B/S 结构、C/S 结构，还是 B/S 和 C/S 混合结构？简述理由。

3. 分析已有资料数据，说明使用数据及处理方法。

4. 某条街道自来水管线埋设较浅，现在有一个工程项目施工需要在该自来水管线附近开挖 5 m深沟。如何进行空间分析才能保证施工安全？

“测绘案例分析”仿真试卷八

第一题(20 分)

为了满足本市的经济建设、城市规划、环境监测、水利建设、资源开发等需要，某测绘单位计划在全市范围内利用 GPS 技术建立三等大地控制网。

1. 项目概况：

作业范围约 90 km^2，涉及周边等纳入规划建设的县市，现阶段已完成全部外业观测任务。

2. 仪器设备、人员：

仪器设备齐全，人员由若干名有丰富的大地测量经验的高级工程师、工程师及技术员等组成。

3. 主要技术要求和执行规范：

(1)《全球导航卫星系统(GNSS)测量规范》(GB/T 18314—2024)；

(2)《国家一、二等水准测量规范》(GB/T 12897—2006)。

图 8-1 是进行 C 级 GPS 网观测时的局部控制网网图，分别采用 4 台(D01 ~ D04)中海达 HD8200E 进行观测。

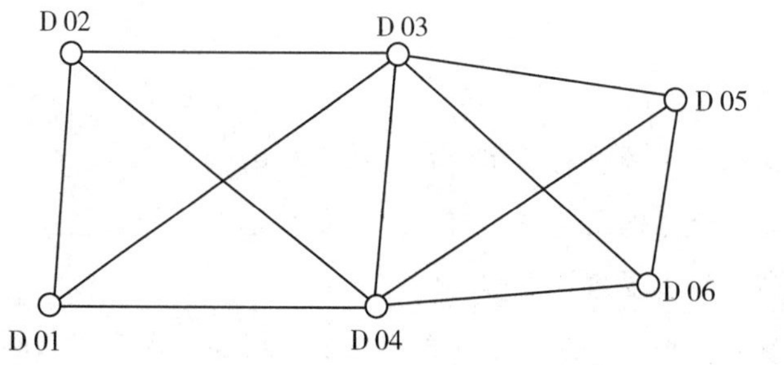

图 8-1

☞ **问题：**

1. 计算该网的 GPS 特征条件。

(1)一个时段的总基线数和独立基线数为多少?

(2)该 GPS 网总基线数、必要基线数、独立基线数、多余基线数、D03~D04 边的重复基线数各是多少?

(3)该 GPS 网的平均多余观测分量是多少?

2. GPS 测量任务完成后应提交的资料有哪些?

第二题(20 分)

为了满足某市经济建设的需要，受该市测绘局的委托，某测绘单位计划生产该市 1∶5 000 比例尺的基础地理数据。现阶段的首要工作是完成全部测区的航空摄影任务。

1. 摄区概况:

摄区面积约 1 200 km^2，东西向长约 40 km，南北向长约 30 km。

摄区内低点平均高程为 20 m，高点平均高程为 300 m。

2. 航摄要求:

航摄仪选用：本摄区选用高精度的数码航摄仪 DMC2001，焦距为 120 mm，像幅为 92 mm×166 mm。航摄仪检定由具有相应资历的法定检验单位进行。

航摄参数：确定航摄比例尺为 1∶10 000，像片航向重叠度设计为 65%，像片旁向重叠度设计为 35%，东西向飞行。

3. 主要作业依据:

《1∶5 000　1∶10 000　1∶25 000　1∶50 000　1∶100 000 地形图航空摄影规范》(GB/T 15661—2008)。

☞ 问题:

1. 航摄仪在哪些情况下必须进行检定? 检定的项目有哪些?

2. 航摄分区划分时要遵循的主要原则有哪些? 如何划分本摄区的航摄分区?

3. 航线敷设时要遵循的主要原则有哪些?

4. 计算以下航摄参数：绝对航高、分区航线条数、每条航线影像数。

第三题(20 分)

××县需进行地理国情普查工作，目的是全面清查全县的土地利用、道路建设、水系分布等情况，以获取基础地理数据，建立 1∶1 万比例尺本底数据库。确定使用卫星影像作为数据源，采用遥感方法进行数据采集工作，数据的现势性要求在 2015 年 9 月。

1. 测区概况:

测区内总面积约 6 000 km^2。测区范围的地形类别主要分为平地和丘陵地两种，大部分为平地，位于测区北部，占测区总面积的 70%；丘陵地集中在测区南部，占总面积的 30%；测区内海拔高度平地低点为 20 m，丘陵地最高海拔 120 m。

测区内建成面积约为 300 km^2，主要分布在平坦地区，建成区内以多层建筑楼房为主，房屋密集；其中农村居民地以一、二层建筑为主。

2. 作业要求:

内容主要有：遥感影像计算机分类和野外调绘、内业地理要素采集、本底数据库入库前的数据检查。

作业规范依据:《遥感影像平面图制作规范》(GB/T 15968—2008)。

数学基础：平面坐标系统采用 2000 国家大地坐标系；高程系统采用 1985 国家高程基准。

3. 现有收集的资料有:

(1)全县 2011 年 10 月 IKONOS 全色(1 m)和多光谱影像(4 m)。

(2)全县 2013 年 9 月 SPOT5 全色和多光谱影像。

(3)全县 2013 年 10 月 QuickBird 全色(0.61 m)和多光谱影像(2.44 m)。

(4)全县 2013 年 5 月 WorldView 全色(0.5 m)和多光谱影像(1.8 m)。

(5)覆盖该地区的国家等级控制成果资料。

(6)全县村级以上行政界线资料。

(7)2006 年测绘的覆盖全县的 1∶1 万比例尺地形图。

☞ 问题:

1. 根据项目要求，判断该项目使用的遥感卫星影像是否需要影像融合处理，并说明理由。

2. 以框图形式表示本项目中遥感解译的流程。

3. 以框图形式表示遥感工作底图的制作流程。

4. 该项目要求充分利用已有资料进行地理国情基本信息采集，简述其采集的具体工作步骤。

第四题(20 分)

某测绘单位承接了某跨海大桥的施工测量任务。

主要工作内容有：备选区域的陆地及水下地形测量，包括平面控制测量、高程控制测量、水文观测、岸线和水下全覆盖水深测量及制图，为跨海大桥工程选线、设计等工作提供基础测绘资料。

1. 测区概况：

测区位于北温带季风区域，夏季多南风及东南风，冬季多北风及西北风。潮汐类型为正规半日潮型，平均高潮位 4.85 m，平均低潮位 1.02 m。潮流基本属于往复流，最大流速方向同海岸平行。

2. 已有资料情况：

(1)测区内 1∶1 万地形图；

(2)测区内及附近 1954 北京坐标系下的二、三等 GPS 控制点；

(3)测区内及附近 1985 黄海高程系下的二等 GPS 高程控制点。

3. 主要技术要求：

(1)平面坐标系统：2000 国家大地坐标系，高斯-克吕格投影，3°分带。

(2)高程系统：高程控制为 1985 国家高程基准，深度控制为理论最低潮面。

(3)测图比例尺：1∶2 000；

(4)精度要求：岸线测量按照《海道测量规范》(GB 12327—2022)《海洋工程地形测量规范》(GB/T 17501—2017)等执行，水准网按三等水准网指标要求。海洋测量定位精度优于±3 m；测深精度(置信度 95%)为±0.3 m；主检测深比对要求超限深度点数不超过总数的 20%。

4. 人员、设备：

(1)人员：技术人员 9 人，后勤保障人员 1 人，项目负责人 2 人；

(2)设备：GPS 接收机、单波束测深仪和多波束测深系统、声速剖面仪、水尺、波潮仪、压力式验潮计、水准仪以及姿态传感器和光线罗经等。

在确定深度基准面时进行了水准联测工作，水准测量路线如图 8-2 所示，A 点是国家二等水准点；B、C 是临时验潮站的水准点，水准观测数据分别是：$H_A=142.156$ m，$h_1=7.412$ m，$S_1=2.5$ km，$h_2=4.356$ m，$S_2=3.0$ km，$h_3=-11.762$ m，$S_3=2.0$ km，测区往返高差不符值 $\Delta_1=5$ mm，$\Delta_2=6$ mm，$\Delta_3=2$ mm。

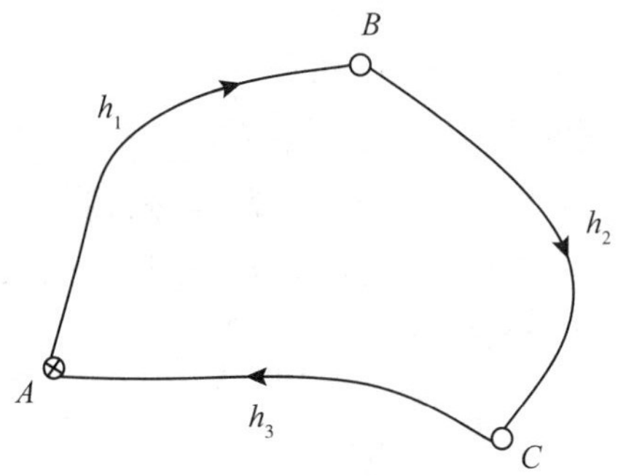

图 8-2　水准路线示意图

☞ 问题：

1. 根据案例中所给条件，计算 B、C 两点的高程最或然值。

2. 该项目水准路线联测精度是否满足三等水准测量要求，请计算说明。

3. 简述项目中所给仪器设备的用途。

第五题(20 分)

某单位需要编绘制作一幅某港口的 1∶50 000 海图。

1. 测区概况：

该港口位于海湾的东部地区，图幅的东南部约 1/4 区域为港区及附近陆地，西部为进港航行入口。制图区域为东经 121°34′00″—122°09′00″，北纬 40°04′45″—40°23′30″，包括该港口及附近地区、航道、锚地以及航行信息(水深、障碍物、干出滩、海岸线、海底底质、助航标志等)。

2. 已有资料情况：

目前已有港区附近最新的 1∶5 万、1∶1 万地形图资料、航空摄影资料、海底底质资料、逐行标志资料、码头及海岸线资料、港区的服务设施资料、港区基准面资料。

3. 地图编制要求和依据：

1998 年国家颁布的《中国航海图编绘规范》(GB 12320—2022)和《中国海图图式》(GB 12319—2022)，采用墨卡托投影，图幅采用全开图，各项数据处理要求依据上述规范执行。质量控制要求按照国家《测绘成果质量检查与验收》(GB/T 24356—2023)以及上述两个标准执行。

4. 任务量包括海图的设计、资料收集分析、数据处理、海图制作。

☞ 问题：

1. 简述编制该幅海图要素综合的原则。

2. 上述已有资料是否齐全？如果不齐全，还需要收集哪些资料？

3. 该海图制图归档成果资料包括哪些？

第六题(20 分)

某测绘单位承担了某小区的房产测绘任务，该小区共有建筑 24 幢，房屋建筑形式为独幢、双拼、联排、住宅、多功能综合楼等多种形式。

其中有一单体楼幢，不存在连通及交叉分摊情况，属于含商业、住宅、车库等综合类楼幢，基本情况如下：

本楼测绘总建筑面积为 50 000 m^2，地上 25 层，地下 3 层；地下第 3 层为人防，地下第 1、2 层为车库，地上第 1、2 层为商业，地上第 3~25 层为住宅。具体情况见表 8-1。

表 8-1　　　　　　　　　　　　（单位：m^2）

总建筑面积	商业套内	住宅套内	车库套内	商业住宅车库共同分摊	商业住宅共同分摊	车库共同分摊	商业独自分摊	住宅分摊			不分摊	人防
								住宅独自分摊	附属（住宅独自分摊）	一二层核心筒（住宅独自分摊）		
50 000	4 500	29 500	5 300	800	600	950	500	5 500	100	200	150	1 900

该房产测绘任务的主要目的是进行房产登记测绘；主要包括房产平面控制测量、房产调查、房产要素测量、房产图绘制、房产面积测算、房产分户以及成果资料的检查与验收。

本项目按二级房产面积测量精度执行。

主要作业依据有：

(1)《房产测量规范　第 1 单元：房产测量规定》(GB/T 17986.1—2000)；

(2)《房产测量规范　第 2 单元：房产图图式》(GB/T 17986.2—2000)；

(3)《房产测绘管理办法》；

(4)《建筑工程建筑面积计算规范》(GB/T 50353—2013)。

☞ 问题：

1. 简述该项目房产调查包括哪些具体内容。
2. 计算该项目中各功能区的分摊系数。
3. 该项目房产测绘完成后应提交的成果有哪些？

第七题(20 分)

某单位计划建设“某省地理信息公共服务平台”。平台基于面向服务的架构(SOA)，由分布式节点组成。各节点由在线地理信息数据、在线地理信息服务系统和运行支持系统组成。

1. 运行支持系统构成：

运行支持系统是地理信息公共服务平台的底层基础，主要包括网络接入系统、服务器集群系统、存储备份系统、计算机安全保密系统等。

2. 网络接入系统要求：

网络接入系统能通过互联网接入路由器，就近接入相应网络汇聚节点，实现节点间及节点与用户间的互联互通。

3. 服务器集群系统要求：

在集群架构中，各节点须部署满足高可用性和负载均衡服务要求的各个服务器集群。

4. 计算机安全保密系统要求：

须按照公安部有关重要计算机信息系统等级保护的标准、规定和文件精神要求，部署企业级的身份鉴别、访问授权、防火墙、网络行为审计、入侵防御、漏洞扫描、计算机病毒防治、安全管理等公安部验证通过的安全产品。

☞ 问题：

1. 该平台的网络接入系统各个节点的网络分区是如何规划的？
2. 该地理信息公共服务平台包括哪些服务器集群？
3. 该地理信息公共服务平台是如何进行安全保密防护的？

第八题(20 分)

某单位承接某省交通挂图的编制任务，为交通管理部门地理信息服务。该省地表复杂，地貌类型多样，山脉、河流、沼泽、湖泊、绿洲等都有分布。2017 年以来，新建了一些铁路，也新修了不少公路，旅游资源开发力度较大，经济发展迅速。

1. 已收集资料：

(1)2017 年底更新完成的 1 : 100 万全省全要素地形图(DLG)数据，该数据中居民地、交通、水系等要素内容详细，分级合理；

(2)2020 年交通部门编制出版的 1 : 200 万《某省交通图》；

(3)2019 年的 10 m 分辨率卫星影像；

(4)2020 年某省行政区划简册；

(5)2020 年初出版的该省市县挂图系列。

2. 交通挂图编制要求：

(1)交通挂图幅面为全开，比例尺为 1 : 160 万。

(2)挂图内容以交通为主，兼顾行政区划、地名等其他地理要素。道路分高速铁路、铁路、高速公路、国道、省道、县乡道及以下等六类；居民地按行政等级分省级行政中心、地级市行政中心、县级行政中心、乡镇及以下 4 级表示；水系、沙漠、山脉和山峰等地理要素择要表示。

(3)挂图的现势性截至 2019 年 12 月。

☞ 问题：

1. 指出本案例中哪种资料最适合选为交通挂图编制的基本资料？简述其理由。
2. 简述此挂图居民地要素的编绘步骤和方法。
3. 简述此挂图生产中道路的制图综合处理要点。

“测绘案例分析”仿真试卷九

第一题(20 分)

为解决某市交界的区域网络 RTK 服务效果不理想的问题，某省国土资源厅计划在该市某县某镇增建一座连续运行的 GNSS 基准站，且为了获得高精度的高程控制，施测了二等水准并与国家一等水准网连接。

1. 已有资料如下：

(1)所需的公函和文件。

(2)所在地的地形图(1∶10 000)、交通图、地质构造图(1∶200 000)。

(3)所在地周边 GNSS 连续运行基准站情况资料。

(4)有关交通运输、物资供应、通信、水文、气象、冻土和地下水文等资料。

(5)所在地已有的大地测量成果资料，如大地控制点、高精度水准点以及重力控制点等。

2. 主要作业执行规范：

(1)《国家大地测量基本技术规定》(GB 22021—2008)；

(2)《全球导航卫星系统连续运行参考站网建设规范》(CH/T 2008—2005)；

(3)《全球导航卫星系统(GNSS)测量规范》(GB/T 18314—2024)。

☞ 问题：

1. 该基准站在选址时对观测环境和地质环境有哪些要求?
2. 由于某个点位设立在楼顶，水准测量无法联测，如何解决该点的高程问题?
3. 其中的一条水准环线长为 100 km，环闭合差为 25 mm，该环闭合差是否超限?
4. 二等水准测量中影响其精度的主要误差有哪些？如何减弱?

第二题(20 分)

某测绘单位接受了规划区域内某区块 1∶1 000 地形图的测量任务。

1. 测区概况：

测区面积约为 15.0 km^2，测区内主要以丘陵、山地为主，地势起伏连绵，海拔高度在 80~300 m。有一条地方铁路和一条高等级公路贯穿整个测区。居民地多坐落于山间谷地和河流阶地，山区植被茂盛，多为树林与灌木，通视条件较差，测量环境艰苦。

2. 已有资料情况：

(1)国家二等三角点 2 个，为 1980 西安坐标系成果；以及 D 级 GPS 控制网为地方坐标系，作为平面控制起算资料。

(2)收集了 2 个国家二等水准点，系 1985 国家高程基准，作为高程控制起算数据。

3. 主要技术要求和作业依据：

(1)《城市测量规范》(CJJ/T8—2011)；

(2)《国家基本比例尺地图图式 第 1 部分：1∶500　1∶1 000　1∶2 000 地形图图式》(GB/T 20257.1—2017)；

(3)《国家基本比例尺地形图分幅和编号》(GB/T 13989—2012)；

(4)《数字测绘成果质量检查与验收》(GB/T 18316—2008)。

采用地方坐标系，高斯正形投影 3°分带，1985 国家高程基准。测图比例尺为1∶1 000，采用矩形分幅和行列编号，基本等高距为 1 m。

测绘设备：全站仪 4 台、双频 GNSS 接收机 4 套、数字水准仪数台等仪器。

测绘人员：12 人，分成 4 个小组。

成图方法：采用 GNSS-RTK 结合全站仪测图。

☞ 问题：

1. 简述本项目 1∶1 000 地形图需要测绘的内容。
2. 本项目交通要素的测绘及表示，具体有哪些要点?
3. 当局部图根点密度不足时，应如何进行加密?
4. 测区任务完成后应提交的成果资料有哪些?

第三题(20 分)

某测绘施工单位承接了某道路工程测量任务。

1. 项目概况：

该道路全长 7.331 km，其中Ⅰ标段 4.68 km，包括 0.7 km 道路和 3.98 km 隧道。

项目前期已完成相应的控制测量。

2. 主要资料：

(1)Ⅰ标段洞里隧道施工设计图纸(主要是隧道轴线平面控制点及曲线要素表、纵断面设计高程数据和施工设计图)；

(2)隧道洞口地形及洞外已知控制点点位的实际情况等。

①在隧道口附近，工程勘测设计时已布测并移交平面 GNSS 四等控制点 4 个，两点间能相互通视。

②工程勘测设计时已在隧道洞口附近各布测了 2 个四等水准点，经复测两点间高差准确可靠，点位未发生沉降。

3. 主要技术要求和作业依据：

①《工程测量标准》(GB 50026—2020)；

②《公路勘测规范》(JTG C10—2007)；

③《公路隧道施工技术规范》(JTG F60—2009)。

测绘施工单位采用两个施工面相向开挖施工，坐标系以隧道主轴线为 X 轴。经两进洞导线分别测得贯通点坐标为(12 345.210，54 321.472)和(12 345.405，54 321.375)，测得高程分别为 45.359 m 和 45.418 m。

控制点施测严格按照《工程测量标准》和《公路勘测规范》等的规定进行测设操作。

☞ **问题：**

1. 根据项目已知条件计算该贯通面的贯通误差，并判断是否超限。
2. 简述项目中陀螺经纬仪定向的原理和步骤。
3. 已知隧道坡度为-3‰，在现场标定隧道腰线，本点腰线高程为 38.270 m，则相距 10 m 的前方腰线高程为多少？
4. 为提高地下导线的精度，可采取哪些措施？

第四题(20 分)

某乙级房产测绘资质单位承接了该市某小区的房产测绘任务，该项目为一栋 31 层高层住宅，规划面积约 2.1 万 m^2，占地面积约 3 333.5 m^2。

1. 测绘任务主要有：房产平面控制测量、房产调查、房产要素测量、房产图绘制、房产面积测算以及成果资料的检查与验收。

房产面积测算精度按《房产测量规范》二级要求，房产平面控制测量利用竣工测量的控制测量成果，房产图分幅按 1∶500 比例尺标准分幅。

2. 已有资料情况：本测区已有控制成果资料、本项目的房屋用地文件、房屋规划审批及验收文件、建设工程竣工测量成果报告等。

3. 分层分户平面图如图 9-1 所示。

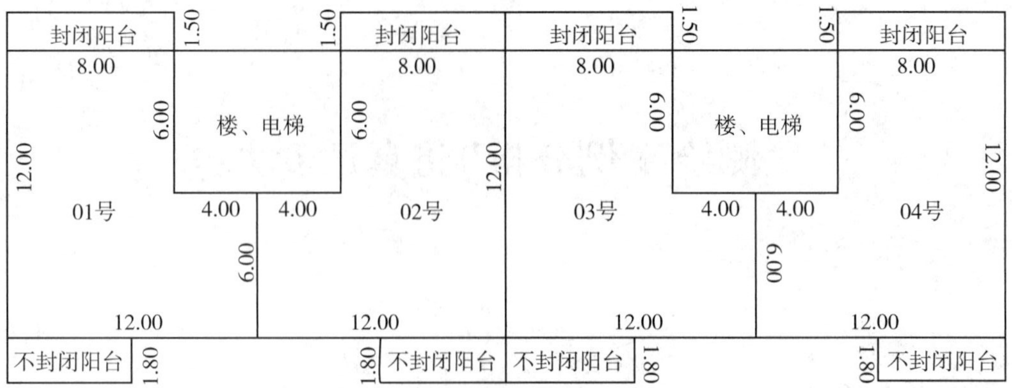

外墙(包括山墙)水平投影面积的一半为：12.04 m^2

图 9-1 一层~三十一层分层分户平面图

4. 作业依据：①《房产测量规范》；②《测绘资质分类分级标准》；③《测绘产品质量评定标准》；④国家和相关部门发布的政策文件等。

☞ **问题：**

1. 计算该栋房屋 01 号的建筑面积和整栋房屋总建筑面积，并计算分摊系数和该项目的容积率。
2. 按照《测绘资质分类分级标准》，该单位有没有违规承接业务？简述理由。
3. 按照《房产测量规范》，能够计算建筑面积的房屋应具备哪些普遍性条件？
4. 若房产面积的精度要求为二级，则 01 号房屋面积限差为多少？

第五题(20 分)

某市计划进行 1∶2 000、1∶5 000 数字正射影像图(DOM)生产。其中，1∶2 000 数字正射影像图(DOM)图幅约 500 幅。1∶5 000 数字正射影像图(DOM)图幅约 900 幅。

航空摄影使用“里尔”飞机，航摄仪型号为 RC-20，焦距为 152.863 mm，像幅为 23 cm×23 cm。其中，1∶10 000 航摄区共布设航线 13 条，用来制作 1∶2 000(数字正射影像图)DOM；1∶20 000 航摄区共布设航线 26 条，用来制作 1∶5 000 数字正射影像图(DOM)。摄影覆盖区域面积约为 4 550 km^2。

1. 已有资料情况：

在 1∶10 000 航摄区内有近年更新的 1∶500 地形图、1∶2 000 地形图，在1∶20 000航摄区内有近年更新的 1∶2 000 地形图、1∶5 000 地形图和 1∶10 000 数字高程模型(DEM)数据。

2. 主要技术要求和作业规范依据：

①《1∶500　1∶1 000　1∶2 000 地形图航空摄影测量外业规范》(GB/T 7931—2008)；

②《1∶5 000　1∶10 000 地形图航空摄影测量外业规范》(GB/T 13977—2012)；

③《基础地理信息数字产品 1∶10 000　1∶50 000 生产技术规程》(CH/T 1015.3—2007)。

航摄成果经验收合格，提供的航摄资料为扫描数据(数字像片)，扫描分辨率为 25 μm，数据存储方式为高密度 8 mm 磁带。

☞ 问题：

1. 在不采用野外像控点联测的情况下，如何获取像控点坐标?

2. 对于 1∶2 000 数字正射影像图(DOM)的制作，拟采用全数字摄影工作站在立体环境下制作，简述其工艺流程。

3. 对于 1∶5 000 数字正射影像图(DOM)的制作，拟采用单片微分纠正方法制作，分析其工艺流程与采用全数字摄影工作站立体环境下制作的异同点。

4. 简述如何对本工程进行质量检查。

第六题(20 分)

某市地势较平坦，河流水网密集，高程在 10~40 m 之间，是长江最大的分蓄洪区。现委托某单位开展分洪和蓄洪监测处理与分析工作，包括制作处理防洪专题数据、开展分洪风险模拟分析，为抗洪减灾提供信息支撑。

1. 已有数据：

(1)2019 年 1∶10 000 地形图数据，包括水系、居民地、交通网等，CGCS2000 坐标系。

(2)2019 年 8 月分蓄洪区地图数据，包括分洪区、安全区(属性包括类型、地址、管理人、联系电话等)、险段、堤防、居民点(属性包括名称、所属行政区名称、人口数、户数等)数据等，1980 西安坐标系。

(3)2019 年 1∶10 000 DEM，5 m 格网，CGCS2000 坐标系。

(4)2019 年县(区)级行政区划数据，包括行政代码、行政区名、辖区面积等属性，1980 西安坐标系。

(5)2019 年 GPS 采集的重要公共场所点状数据，如学校、医院、车站等，属性包括名称、类型、门牌地址等，采用 WGS-84 坐标系。

2. 数据处理及统计分析要求：

(1)对已有数据进行处理，然后进行空间统计分析，分析系统全部采用 CGCS2000 坐标系。

(2)具有 GIS 空间分析功能，能进行洪水淹没模拟分析。假设洪水达到某水位高度时，分析可能出现的受灾范围、面积、居民点个数、人口数和户数等；寻找离受灾居民点最近的安全区以及最佳调运路线等。

(3)制作分蓄洪预案，编写分析统计报告。

☞ 问题：

1. 在空间分析时，上述已有数据中哪些需要进行坐标系转换?

2. 采用空间分析方法查找离每一个受灾居民点最近的安全区，请简述分析步骤和方法。

3. 简述在模拟分析分洪过程中，当洪水位达到 20 m 时，按县(区)统计可能淹没的农户数量的过程。

第七题(20 分)

某市拟编制出版一部全市经济图集。

1. 图集设计要求：

图集设计开本为标准 16 开(单页制图尺寸 196 mm×265 mm，展开页制图尺寸 390 mm×265 mm)，其中包含一幅"全市粮食产量分布图"。

2. 收集资料情况：

为编制全市粮食产量分布图收集的资料包括：

(1)某市 1∶5 万数字地图数据，现势性为 2018 年，包含镇级(含)以上境界线、水系、居民地、公路、铁路、地貌、地名等要素。

(2)2020 年初出版的该市 1∶5 万交通旅游图。

(3)《市行政区划地图集》(16 开本)电子版数据，已更新镇级(含)以上行政区划、居民地、地名等要素至 2019 年。

(4)2019 年某市粮食产量统计资料。各乡镇粮食产量(包括总产量和粮食分类总产量、每亩单产量)，该市粮食分为 6 类。

3. 地图编制要求：

(1)要求从收集的资料中选择合适的地图编绘地理底图，要素内容包括境界线、水系、居民地、主要铁路和公路等，需利用收集到的数字地图资料进行加工处理和制作生成。

(2)图上粮食产量以乡镇级行政区为单位表示，采用分级统计图叠加饼状专题统计图表来反映各乡镇粮食总产量、每亩单产量和 6 个粮食分类专题构成的空间分布。

(3)地图比例尺为 1∶10 万，地图现势性要求到 2019 年 12 月。

☞ 问题：

1. 简述全市粮食产量分布图的编绘流程。

2. 编图过程中如何使用所收集的资料?

3. 如何编绘地理底图境界线和交通要素?
4. 简述全市粮食分布图中分级统计图和饼状专题统计图表的设计制作过程。

第八题(20分)

某城市交通面临着巨大的压力与挑战,"行路难,停车难"已经成为摆在该市面前的首要难题。及时解决该城市发展过程中不断出现的交通问题,建立一个基于信息的、集成的、智能的交通地理信息系统是极其重要的保障。某测绘单位承担了建立该市交通地理信息系统的任务,包括交通专题地理数据采集、交通专题地理数据更新、交通信息平台建设等。

1. 交通专题地理数据采集:

交通专题地理数据采集分为地理信息数据采集、文档数据采集、统计数据采集、声像数据采集等。针对不同类型数据的采集任务,实际作业过程中采用不同的软件进行采集和处理。

2. 交通专题地理数据更新:

对于专题地理信息系统,数据更新分为专题地理信息数据更新和非专题地理信息数据更新。专题地理信息数据更新的步骤与方法因不同的专题数据而不同,实际作业过程中依据道路竣工图(CAD格式)对道路交通数据进行更新。

3. 交通信息平台建设:

将系统收集到的城市交通信息,经融合处理后为社会公众提供综合交通信息服务。利用采集到的相关信息为交通部门、市民和游客提供交通信息服务(如搜索最优路径等),使城市交通更加畅通方便。

☞ 问题:

1. 简述交通专题地理数据采集的方法。
2. 简述以道路竣工图为道路交通数据进行更新的步骤。
3. 给出实现城市交通最优路径搜索功能的基本思路。

"测绘案例分析"仿真试卷十

第一题(20分)

某山区城市为满足地方经济发展对基础测绘的需求,利用GPS技术和水准测量技术,在已有的加密重力资料、数字高程模型的基础上,通过对重力、地形数据及GPS水准数据的处理,精化该市似大地水准面。

1. 测区概况:

涉及测区面积约50 km×50 km。目标是综合利用重力资料、地形资料、重力场模型与GPS水准成果,采用物理大地测量理论与方法,应用移去-恢复技术确定该市区域性精密似大地水准面,以代替低等级水准测量并满足地形图测图需要。

2. 现有资料情况:

(1)基础资料:经过外业实地踏勘与内业分析,有50个国家一、二级三角点保存完好,点位稳定可靠。

(2)该市所辖区域共有24个国家高等级GPS控制点,国家第二期一、二等水准复测路线300 km,基本水准点50个,经外业踏勘和内业分析均保存完好,符合规范要求的精度。

(3)城市市域内有2个国家重力基本点。

3. 技术人员和主要仪器设备:

(1)人员:项目承担单位为甲级资质测绘单位,从事大地测量的专业单位。有高级工程师20名,工程师48名,助理工程师及技术员60名。

(2)设备:计算机150台、服务器10台、工作站20台、交换机10台、笔记本48台,经检验合格的数字水准仪12台、全站仪10套、GPS仪器共24台,以及打印机、扫描仪20套等仪器。

4. 作业执行规范:

(1)《区域似大地水准面精化基本技术规定》(GB/T 23709—2009);
(2)《国家一、二等水准测量规范》(GB/T 12897—2006);
(3)《全球导航卫星系统(GNSS)测量规范》(GB/T 18314—2024);
(4)《加密重力测量规范》(GB/T 17944—2018)。

☞ **问题：**

1. 为了满足该城市精化似大地水准面的需要，原有的 2 个重力基本点远远不够，需要在此基础上建设一等、二等重力控制点，如何施测？

2. 用框图表示似大地水准面计算流程。

3. 在已建成的一等、二等重力控制网基础上，还须做加密重力测量，请问该城市总共需要多少个重力点才能满足精化最低的要求，还需要多少个 GPS 水准点？

4. 完成该市区域似大地水准面精化工作后应上交哪些成果资料？

第二题（20 分）

某测绘单位承担了某市建成区约 160 km² 的地下综合管线探测测量项目，要求查明所有管线的权属单位，并建立综合管线管理信息系统。

根据已有的资料档案记载，该市的排水管为水泥管或方沟，给水、电力、通信、燃气、热力管线等为导磁金属管线。

1. 设计依据主要有：

（1）《城市地下管线探测技术规程》（CJJ/61—2003）；

（2）《城市测量规范》（CJJ/T8—2011）；

（3）《国家基本比例尺地形图图式　第 1 部分 1：500　1：1 000　1：2 000 地形图图式》（GB/T 20257. 1—2017）。

2. 主要技术要求：

项目实施完成后，成果质量检验时，重复抽查了 15 个隐蔽管线点，对其平面位置及埋设位置进行检测，获得重复点位与原点位的埋设较差平方和 $[\Delta\Delta]=60\ cm^2$。

☞ **问题：**

1. 简述本项目地下管线探测实施过程的内容。

2. 计算本项目隐蔽管线点位置埋深较差（计算结果保留小数点后 2 位数字）。

3. 如何对本项目管线探测质量进行检验？

4. 本项目应提交哪些成果资料？

第三题（20 分）

某房产开发有限公司通过招投标方式竞拍得某公园旁 56 亩（1 亩 = 666. 67 m²）商住用地，该

区交通便利，环境优美。总建筑面积 130 056. 8 m²，现已经全面建成 17 栋商住楼，沿江路段均建设 3 层商业裙楼，小区内建好地下停车库，防空设施等地下建筑物。

所涉及的市政道路、绿化、主体工程及外墙面等已全面竣工，本市已有 D 级 GPS 控制网，小区周边道路中心有 D 级 GPS 控制点 3 个，四等水准点 10 个；现要求规划建设部门进行 1：500 规划验收竣工测量。

验收依据主要有：

（1）《城市测量规范》（CJJ/T8—2011）；

（2）《建（构）筑物竣工测量作业指导书》；

（3）《房产测量规范　第 1 单元：房产测量规定》（GB/T 17986. 1—2000）；

（4）《国家基本比例尺地图图式　第 1 部分：1：500　1：1 000　1：2 000 地形图图式》（GB/T 20257. 1—2017）；

（5）《卫星定位城市测量技术标准》（CJJ/T 73—2019）；

（6）《测绘成果质量检查与验收》（GB/T 24356—2023）。

图 10-1 是某幢含地下建筑物的立体剖面图，用以计算建筑物的高度。

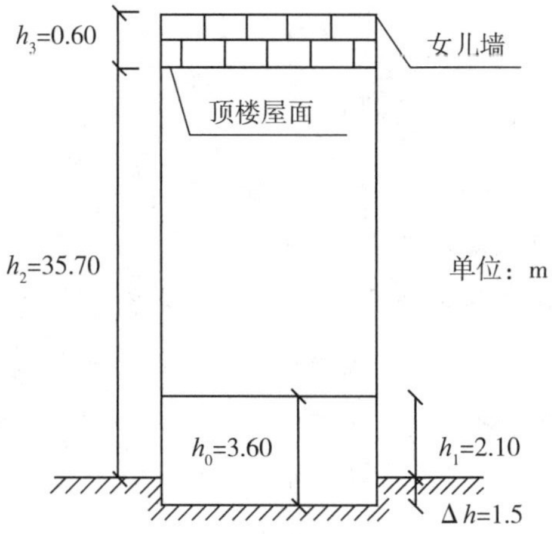

图 10-1

☞ **问题：**

1. 规划测量部门进行小区建筑规划竣工测量的主要作业内容有哪些？

2. 本项目某幢建筑物，如图 10-1 所示，半地下室高度、半地下室室外高度、屋面高度、建筑高度分别是多少？

3. 如何进行竣工总平面图的编绘？

第四题（20 分）

某勘察测绘研究院承接了某大桥的变形监测测量任务。

1. 项目概况：

该大桥总长 4 875 m，主桥上部结构采用(160+380+160) m 的 3 跨连续漂浮体系 PC 斜拉桥，斜拉索按空间分布，桥塔采用钻石形，边跨设一个辅助墩。桥面净宽31 m，分 8 车道，该桥桥塔高 140. 3 m，自身荷载巨大，风、潮湿影响显著，受力情况复杂。桥上交通繁忙，高峰时车流量超过 5 000 辆/h。

2. 主要变形监测测量内容：

该测量单位主要进行了塔顶水平位移、基础沉降、主梁挠度、主梁及主塔应力、斜拉索索力等变形监测内容。

3. 主要技术要求和作业规范：

(1)《工程测量标准》(GB 50026—2020)；

(2)《建筑变形测量规范》(JGJ 8—2016)；

(3)《国家一、二等水准测量规范》(GB/T 12897—2006)。

大桥南北桥塔基础承台的监测点距基准点最远不超过 600 m，并在大桥南北塔的塔顶各设置 2 个水平位移监测点，主梁上对应于主桥各墩顶的桥面上以及主跨的$L/3$、$L/2$、$L/4$(L 为主跨长度)处设置 9 个挠度观测点。

☞ 问题：

1. 本项目的桥梁变形监测的工作内容有哪些？

2. 精密水准测量每站水准路线一般不超过 60 m，当采用每千米观测高差中误差为±0. 3 mm 的精密水准仪进行观测，则每站(距离为 60 m)高差中误差 $M_{站}$ 为多少？离基准点最远的监测点的差异沉降量的中误差 $m_{\Delta H}$ 为多少？

3. 简述本项目的监测实施方案。(提示：所用仪器、精度指标、观测方法及计算等)

第五题(20 分)

某市根据基础测绘工作的需要，计划生产该地区大比例尺数字线划图、数字高程模型和数字正射影像图。当前阶段的任务是进行测区的航空摄影任务。

航空摄影的主要成果——航空像片是摄影测量的基本原始资料，其质量的优劣直接影响了摄影测量成图的工效和精度。因此，摄影测量对空中摄影提出相应的质量要求，即飞行质量和摄影质量的基本要求。

1. 航摄要求：

在航空摄影技术设计中，应根据项目需要和相关的技术规范对飞行质量和摄影质量提出要求，项目承担单位应按照规定的要求对飞行质量和摄影质量进行检查。检查合格后，应将全部成果资料整理齐全，移交项目委托单位。

2. 主要技术要求和作业依据：

①《1∶5 000　1∶10 000　1∶25 000　1∶50 000　1∶100 000 地形图航空摄影规范》(GB/T 15661—2008)；

②《1∶500　1∶1 000　1∶2 000 比例尺地形图航空摄影规范》(GB/T 6962—2005)；

③《数字测绘成果质量要求》(GB/T 17941—2008)；

④《数字测绘成果质量检查与验收》(GB/T 18316—2008)。

项目承担单位就航摄空域申请、编写航空摄影技术设计书、航摄仪的选用和检定、航摄季节和航摄时间的选择、摄区划分、航摄基本参数计算、航空摄影、航空摄影影像处理、成果质量检查和成果整理验收等主要技术环节进行了项目准备和项目实施。

☞ 问题：

1. 航空摄影技术设计书的主要内容有哪些？

2. 航摄摄影质量检查主要检查哪些内容？

3. 对像片重叠度和像片旋偏角用什么方法检查？

4. 项目承担单位向项目委托单位移交的资料包括哪些？

第六题(20 分)

某测绘单位根据某地级市基础测绘工作的需要，计划采用航空摄影测量方法生产该地区 1∶2 000 地形图。

1. 测区概况：

该测区面积约为 5 400 km²，东西长约 90 km，南北长约 60 km，测区内陆地最低点高程为 120 m，最高点高程为 400 m。全测区包含平地和山地两种地形，平地面积约占 60%，集中在南部，山地集中在北部。测区内建成区面积约为 600 km²，分布在平坦地区，建成区内以多层建筑为主，房屋密集，农村地区多为一二层建筑。

2. 航摄要求：

摄影胶片为真彩色航空摄影像片，航空摄影机型号为 RC-30，像幅为 230 mm×230 mm，焦距为 152 mm，摄影比例尺为 1∶10 000，航片的航向重叠度为 65%，旁向重叠度为 35%。

3. 主要工作内容和技术要求：

(1)全部测区的航空摄影工作；

(2)区域网外业控制点的布设和测量工作，全部测区的解析空三测量任务以及立体测图。

项目承担单位在完成整个测区外业控制点施测、测量控制工作后，进行解析空中三角测量；在野外测绘工作完成后，进行内业作业和立体测量，然后对立体测图数据成果进行了一系列相关的质量检查。

平面坐标采用2000国家大地坐标系，高程采用1985国家高程基准。

☞ 问题：

1. 1∶2 000地形图航空摄影测量中，对于外业航摄区域接合处的控制点，如何进行布设？

2. 当进行1∶2 000地形图航空摄影测量时，在采用综合法测图时，对于像片图测图，需要补测的内容包括哪些？

3. 在本项目中，空三测量前需要进行像片控制测量，请简述像片控制测量成果的主要组成部分。

4. 根据采用的数学模型不同，解析空中三角测量有哪三种方法？简述它们的基本思想。

第七题（20分）

某测绘单位为某市拟编制一幅交通旅游地图，以形象、直观的地图语言反映该市的交通旅游等地理信息，为游客和旅游管理部门提供地理信息服务。

1. 交通旅游地图编制要求：

（1）交通旅游地图为标准全开，比例尺为1∶10万，投影采用等角圆锥投影。

（2）重点表示旅游景点、宾馆、酒店、饭店、商场、车站、客运中心、交通道路、旅游道路、旅游度假区、风景名胜区、自然保护区等专题要素。地貌用浅色晕渲表示。

（3）交通旅游地图采用数字地图制图技术方法制作。在数字地图制图软件中处理编辑地图要素数据，地图数据直接输出四色印版，印刷成图。

（4）交通旅游地图的现势性要求到2019年12月。

2. 为编制交通旅游地图收集资料如下：

（1）2020年全省行政区划简册；

（2）2020年分辨率为2 m的全市卫星影像数据；

（3）2018年1∶5万矢量地形图数据；

（4）2020年出版的1∶15万市交通图；

（5）全市旅游和交通专题资料；

（6）2018年1∶5万DEM。

☞ 问题：

1. 编制地图应该采用哪种资料作为基础数据？如何处理编辑这种资料？

2. 编图过程中如何使用其他资料？

3. 简述专题要素的表示方法。

第八题（20分）

某测绘地理信息单位承担“某省地理信息公共服务平台”建设任务。平台基于面向服务的架构（SOA），由分布式节点组成。各节点由在线地理信息数据、在线地理信息服务系统和运行支持系统组成。

1. 在线地理信息数据构成：

利用现有数据资源（包括矢量数据、影像数据、模型数据、地理监测数据、实时传感数据），按照地理信息公共服务平台相关数据规范，经整合处理后，形成在线地理信息数据（包括地理实体数据、地名地址数据、电子地图数据）。

2. 地理实体数据处理要求：

地理实体数据是对地理实体的描述与表达，采用实体化数据模型，以地理要素为空间数据表达与分类分层组织的基本单元。地理实体数据遵循的技术标准是《地理信息公共服务平台　地理实体与地名地址数据规范》（CH/Z 9010—2011）。

3. 地名地址数据处理要求：

地名地址数据是以地理位置标志点来表达地名与地址的数据，包含结构化地名地址描述、地名地址代码等信息。地名地址数据遵循的技术标准是《地理信息公共服务平台　地理实体与地名地址数据规范》（CH/Z 9010—2011）。

4. 电子地图数据处理要求：

电子地图数据是针对在线浏览和标注的需要，以各类数据源为基础，经过内容选取组合、符号化表达、图面整饰后形成的各类视屏显示地图。电子地图数据遵循的技术标准是《地理信息公共服务平台　电子地图数据规范》（CH/Z 9011—2011）。

☞ 问题：

1. 地理实体数据的数据内容包括哪些？

2. 地名地址数据用地理位置标志点来表达，地理位置标志点的定义规则有哪些？

3. 在电子地图数据生产过程中，地图数据的处理内容有哪些？

“测绘案例分析”仿真试卷十一

第一题（20分）

位于××平原的××新城为完成总体规划修编工作，需要测绘新城规划范围内老城区、新城区及开发区的1∶2 000地形图，建立基础信息数据库。

测区范围西至龙凤河故道左堤，北至龙凤新河右堤，东至京津塘高速公路二线，南至京山铁路、杨北公路，总面积约为80 km^2，测区地势平坦，海拔3~5m。项目工期从××年××月到××年××月，××年××月××日前完成测区1∶2 000地形图测绘，××年底完成数据更新工作。

1. 测区已有资料：

经调查，测区周围有二等三角点4个，分别为“罗古判”“南马房”“渔霸口”“农资仓库”。测区内有一等水准点1个，为“兴武34-1甲上”，二等水准点15个，分别WQ009、WQ011、WQ012、WQ013、WQ015、WQ016、WQ022、WQ023、WQ024、WQ025、WQ026、WQ028、WQ029、WQ033、WQ035。经实地踏勘，标石保存完好，可作为本项目首级控制测量的起算成果。

2. 作业依据：

（1）《工程测量规范》（GB 50026—2020）。

（2）《全球导航卫星系统（GNSS）测量规范》（GB/T 18314—2024）。

（3）《1∶500　1∶1 000　1∶2 000地形图图式》（GB/T 7929—2007）。

（4）《基础地理信息要素数据字典　第一部分：1∶500　1∶1 000　1∶2 000基础地理信息要素数据字典》（GB/T 20258.1—2007）。

（5）《1∶500　1∶1 000　1∶2 000外业数字测图技术规程》（GB/T 14912—2005）。

（6）《国家三、四等水准测量规范》（GB 12898—2009）。

3. 作业方法、测图比例尺、图形分幅及编号：本项目采用全站仪测图。地形图比例尺为1∶2 000，图幅采用50 cm×50 cm，正规分幅；图幅号采用图幅西南角坐标X、Y的千米数表示，X坐标在前，Y坐标在后，中间以短线相连；图号由东往西、由南往北用阿拉伯数字按顺序编号，即1，2，3，…。图幅内有明显地形、地物名的应标注图名。

☞ 问题：

1. 如果按每幅图最少需要4个图根控制点的要求，计算测区需要布设图根控制点的最少个数。
2. 试述地形图内业检查的内容。
3. 项目完成后应提交哪些成果？

第二题（20分）

某市计划对本地区进行航空摄影，以测绘1∶5 000比例尺地形图。

1. 摄区概况：

摄区东西长13.2 km，南北长11.2 km，为一矩形区域，总面积为147.82 km^2。全测区包含平地和丘陵地两种地形，其中，绝大多数是平地，约占整个测区80%的面积，主要位于测区南部的大部分地区；测区海拔高度平地最低点为8 m，最高海拔为344 m。测区内低点平均高程为25 m，高点平均高程为315 m。

2. 航空摄影基本技术要求：

航空摄影采用传统的航空摄影方式，航摄仪型号为RC-30，像幅为23 cm×23 cm，航摄仪焦距为152 mm，航摄比例尺为1∶20 000，像片类型为黑白。

航空摄影完成后对胶片进行了摄影处理和影像质量检查，其航摄飞行质量和影像质量均符合要求。为满足数字化生产的需求，对航摄胶片进行了扫描数字化处理，扫描分辨率为0.02 mm。

已完成测区内像控点的布设与测量、解析空中三角测量等工作，成果经检查合格，可供地形图生产使用。

☞ 问题：

1. 航空摄影项目包括哪些内容？
2. 航空摄影技术设计书包括哪些内容？
3. 根据案例计算以下摄影参数：摄影基准面、相对航高、绝对航高、航摄分区数。
4. 航摄飞行质量检查主要检查哪几个方面？

第三题（20分）

××市××大厦基坑北侧与××地铁1号线隧道相邻，最近水平距离约9 m。为了确保基坑支护顺利施工，保证××市地铁1号线正常运营，需对地铁1号线隧道进行变形监测，实时了解和掌握在基坑开挖过程中地铁隧道的变形情况，确保地铁隧道的安全。同时，可为基坑支护施工提供及时的反馈信息，为信息化施工提供科学的监测数据和报告。××地铁1号线运营时间一般从早6:00到晚23:00，由于在运营时间测量人员无法下隧道测量，只能在夜间停运后测量。而白天是基坑施工的主要时间，也是监测的关键时间，因此，工程选择了基于自动全站仪开发的无接触式自动测量系统，实现了对运营地铁隧道结构三维变形位移的自动监测系统。

1. 基准点、工作基点和监测点的设置：

（1）基准点的布设监测区间线路离××车站及××车辆段均较近。本监测项目的基准点考虑选择在××车站内，选择采用有强制归心装置的观测墩。左出入段线和左线各设置3个基准点。为保证成果的可靠性，定期检测基准点的稳定性。

（2）工作基点的布设为方便测量机器人自动搜寻目标，以及保证各监测点精度均匀，工作基站拟设置于监测范围中部的隧道侧墙上，托架伸出长度约400 mm，左出入段线和左线各设置1个工作基点。基点网点可与地铁原基标控制系统联测或采用独立坐标系统。

（3）变形监测点的布设变形监测点设计要求的断面按每20 m左右布设，每个断面在轨道附近的道床上布设2个监测点，即每个测断面布设2个监测点，全段线共布设6个观测断面。各断面观测点用连接件配小规格反射棱镜，用膨胀螺栓及云石胶锚固于监测位置的侧壁及道床的混凝土中，棱镜反射面指向工作基点，如图11-1所示。

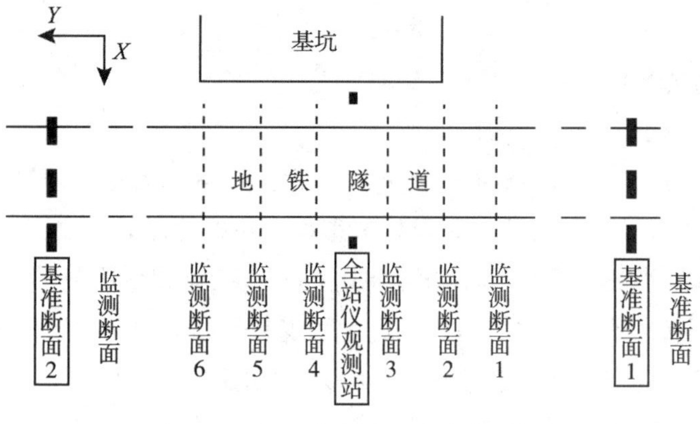

图11-1　监测设备布置图

2. 测量机器人自动化监测：

测量机器人自动化监测系统以基于1台测量机器人的有合作目标（照准棱镜）的变形监测系统为基本单元，可以由多个基本单元通过Internet连接起来组合而形成一个测量机器人远程网络监测系统，系统提供有线和无线两种组网方式。

（1）远程无线遥控测量机器人变形监测和分析系统主要由3个单元组成：控制单元、无线通信单元和数据采集单元。控制单元一般安放在办公室内，通过具有固定IP的万维网发送指令和接收数据；无线通信单元与数据采集单元通过有线形式连接，将控制单元的指令转发给数据采集单元并将数据采集单元的数据简单处理后转发给控制中心；数据采集单元置于作业现场，根据控制单元的指令采集相应数据。

（2）远程无线遥控测量机器人变形监测和分析系统硬件主要由以下几项构成：①测量机器人。测量机器人具有自动驱动和目标自动识别等功能。测量机器人选用TS30，其静态测角精度为±0.5″，测距精度为±(0.35 mm+0.7 ppm×D)，自动目标识别的有效距离可达1 000 m，望远镜照准精度为2 mm/500 m。②无线通信模块。实现系统控制中心与测量机器人之间的数据传输。③系统控制中心。系统控制中心的主要任务之一是数据处理。

（3）无线遥控测量机器人变形监测和分析系统软件主要由三部分组成：测量机器人机载软件、无线通信软件模块和控制中心软件包。

（4）测量机器人自动监测系统是根据全站仪的极坐标三维测量原理开发而成。由于该工程测量范围小，两端基准点之间的距离为150m左右，同时列车的运行使得测量区域内的各点的气象条件较为一致。因此，通过一定的观测数据处理方法，可以消除由于不同测量周期内的气象变化所引起的测量误差。

☞ 问题：

1. 简述变形测量实施的程序与要求。
2. 简述全站仪自动跟踪测量的主要技术要求。
3. 监测项目的变形分析有哪些内容？

第四题（20分）

某新建住宅小区竣工后，需进行房产测绘，并在测绘完成后进行房屋登记。

1. 测区概况：该测区为城区周边新建小区，四周均为市政道路，周边权属关系简单清晰，地势平坦，交通方便，控制点分布均匀，密度适中。该小区共有独立楼房18栋，其中5栋为临街商住楼，其余为单一功能住宅楼，各楼梯户型简单，均无地下室，各楼内无为多栋楼服务的共有用房。

2. 已有资料：

本测区已有控制成果资料、本项目的房屋用地文件、各建筑用地规划审批和验收文件、各建筑的设计文件，以及房产测绘单位入场作业前，已获得该小区竣工测量成果资料及该项目的全套设计图纸。

3. 引用文件：

（1）《房产测量规范》（GB/T 17986.1—2 000）；

（2）《测绘成果质量检查与验收》（GB/T 24356—2023）。

☞ 问题：

1. 简述该房产测绘工程的具体工作内容。
2. 检查人员在检查工作中发现，作业人员将一个层高为2.20 m的设备层、临街用作人行道路通行的有柱通廊计算了全部建筑面积。该作业人员的做法是否正确，并简述原因。

3. 房产要素测量检查的内容有哪些？

第五题(20分)

某测绘单位承担了某露天采石矿区开采土石方总量的测算任务，为后期整治规划提供数据资料，项目工期紧张。

1. 矿区概况：

矿区位于丘陵地区，面积约11 km^2，已经开采2年时间。开采的土石已经全部运离矿区，形成了若干宕口和深坑，有的宕口陡峭险峻，内有积水成湖，部分宕口旁有林带覆盖。矿区内散布着采矿设施和若干小村庄，并且有几条水泥路交叉穿过。

2. 工作任务：

(1)对整个矿区进行1∶1 000现状地形图测制；

(2)计算开采的土石方总量；

(3)构建矿区现状三维模型。

3. 已有资料情况：

(1)矿区开采前测制的1∶1 000比例尺纸质地形图；

(2)矿区周边城市D级GPS控制网点若干(有WGS-84和CGCS2 000两套坐标成果)，以上控制点均经过水准联测，1985国家高程基准，且实地保存完好，经检查精度可靠；

(3)矿区有可利用的CORS系统。

4. 主要软硬件设备：

(1)无人机倾斜摄影测量系统；

(2)无人船水下地形测量系统；

(3)三维激光扫描测量系统；

(4)Smart 3D测绘系统；

(5)EPS 3DSurvey三维测图系统；

(6)ArcGIS软件；

(7)南方CASS测图软件；

(8)测地型GNSS接收机、5″级全站仪、DS3级水准仪。

数学基础：CGCS2 000坐标系，中央子午线120°。

☞ 问题：

1. 像控点布设应满足哪些要求？像控点测量应使用什么技术方法？

2. 航测影像地面分辨率应不低于多少？影像质量有什么要求？

3. 简述生产1∶1 000 DLG的工作流程。

4. 列举利用软件计算土石方量的两种方法，并简述其中一种方法的工作流程。

第六题(20分)

某测绘单位承担了某地特大暴雨灾害的应急测绘保障服务工作。为整合当前市民的求助信息，满足应急避险的需求，需要应急开发汛情互助地图服务系统。该单位可收集到的数据和设备设施有：中国北斗提供的高精度定位信号接口服务，该地2020年基础地理信息数据，测绘无人机及RTK设备若干套，高性能图形计算工作站若干台，该地数字政府服务平台，2020年该地POI数据。

☞ 问题：

1. 简述本次应急测绘保障工作中，需要使用到的设备和数据，并说明其用途。

2. 为满足业务需要，请设计汛情互助地图服务系统的求助信息发布功能所包括的字段信息，并指出其数据来源、限制条件。

3. 简述制作路网淹没分析图的过程。

第七题(20分)

根据自然资源部与××省自然资源厅要求，计划建设"××省地理信息公共服务平台公众版(天地图·××)"，其中主要任务之一是以××省现有基础地理信息数据为基础，提取、编辑、加工公共地理框架数据，基于互联网向政府、专业部门、公众提供服务。

1. 任务内容和目标：利用××省自然资源厅的现有数据资源，按照地理信息公共服务平台相关数据规范，加工省级公共地理框架数据集，为"天地图·××"生产在线地理信息数据集。基于最新××省省级地理信息数据资源(如交通、区划、地名、街区、房屋、水系等)、优于2.5m(0.2~2.5m)分辨率的卫星或航空影像数据，生产××省省域范围内的省级地理实体数据、地名地址数据以及15~17级线划电子地图数据、影像电子地图数据。应尽可能融合第三方数据资源，增加本地兴趣点(POI)、三维建筑物模型、街景以及相关的社会、经济、人文、交通、行政、旅游等信息。

2. 数据处理要求：

(1)地理实体与地名地址数据应符合《地理信息公共服务平台地理实体与地名地址数据规范》(CH/Z 9010—2011)要求，矢量电子地图与影像电子地图应符合《地理信息公共服务平台 电子地图数据规范》(CH/Z 9011—2011)要求。其中，道路数据的几何表达与拓扑关系表达应尽可能遵循《导航地理数据模型与交换格式(GB/T 19711—2021)》与《车载导航地理数据采集处理技术规程》(GB/T 20268—2006)要求。

(2)所有数据须依据国家有关规定过滤，删除涉密信息内容，降低空间精度，降低影像分辨率，形成可在非涉密网环境中使用的公开数据集，并应经过地图审核。其中，数据内容与表示需满足《基础地理信息公开表示内容的规定（试行）》（国测成发〔2010〕8号）、《公开地图内容表示规范》的要求。空间位置精度需符合《公开地图内容表示规范》要求，即平面精度不优于10 m（不含），等高距应当不小于20 m，高程精度应当不优于15m（不含）。影像数据应符合《遥感影像公开使用管理规定（试行）》（国测成发〔2011〕9号）要求，即空间位置精度不得高于50 m，影像地面分辨率不得优于0.5 m，不标注涉密信息，不处理建筑物、构筑物等固定设施。

3. 现有数据资源情况：

（1）1∶1万地形图数据库：共6 317幅。

（2）DEM：5m分辨率。

（3）影像数据：全省1m分辨率DOM；地级及县级市主要建成区范围0.5m WorldView和0.6m QuickBird卫星影像数据；局部区域0.5m航空影像数据。

（4）地名地址数据：全省建制村及以上行政名称、自然村名称、自然地理名称、单位名称等；地级及县级市主要建成区POI点。

（5）交通专题数据：××省公路局2019年GPS数据，含道路网、收费站、服务区和出入口等信息。

（6）旅游专题数据：包括星级旅游点、主题旅游点、国家级和省级自然保护区、国家级和省级森林公园等。

4. 某区域内含两个城市，现有数据资源情况如下：

（1）覆盖全区域的1∶1万数字地形图数据，现势性为2017年。

（2）覆盖a市建成区的1∶1 000数字地形图数据，现势性为2019年。

（3）覆盖b市建成区的1∶500数字地形图数据，现势性为2018年。

（4）覆盖a、b两市郊区的1∶5 000数字地形图数据，现势性为2019年。

（5）覆盖全区域的道路骨干网数据、POI数据，现势性为2020年。

☞ 问题：

1. 简述在线地理信息数据的主要形式。
2. 简述电子地图数据处理的基本要求。
3. 简述公众版在线地理信息数据的位置精度要求、影像分辨率要求。
4. 请根据上述数据资源情况做出该区域电子地图数据、地名地址数据生产方案，包括数据源利用方案、电子地图分级方案、地理实体数据内容方案等。

第八题（20分）

2020年3月，××测绘地理信息公司承担了××县地理国情普查项目，需要生产该县1∶2 000数字地形图（DLG），并进行该县地理国情普查。

1. 测区地理概况：

该县位于高山、平原与丘陵接壤区，北边全部都是高山，南边是丘陵，东西是平原，城镇多位于平原区域（60 km×60 km），全县海拔200~600 m。近年来经济发展迅速，该地城市扩建变化较大，修建了不少道路，农业保护耕地也非常的重视，因此需要做好为该县未来十年规划的任务。

2. 已收集的数据资料：

（1）已获取该县2019年7月的0.2m高分率全色卫星影像数据；

（2）已获取该县2016年8月1∶1 000 DLG，包括城镇居名点、道路交通、水系、土质植被，界线等全部的数据；

（3）已获取该县2019年9月的0.2m高分率多光谱影像数据（红、绿、蓝、近红外）；

（4）已获取该县2019年8月1∶2 000 DEM，间距5 m。

3. 生产要求：

（1）测绘生产该县1∶2 000 DIG；根据有关规范要求，对生产的图进行了质量检查，主要有空间参考系、位置精度、影像质量、附件质量等。

4. 已有的仪器和软件：

全站仪、水准仪、GNSS，移动测图系统、CASS测图软件，GIS软件、CAD软件等。

☞ 问题：

1. 制作1∶2 000 DLG需要采用哪些资料和仪器，并说明其用途。
2. 简述该县城镇、道路的更新方法。
3. 简述1∶2 000 DLG分层数据在地理国情普查中的用途。

“测绘案例分析”仿真试卷十二

第一题(20 分)

某沿海城市开展退耕还林项目，拟统计符合退耕还林要求的小班数据面积。现收集到该市项目范围内 2015 年 1∶25 万 DLG 数据；2020 年 Landsat 8 遥感影像数据；2020 年基于国土“三调”数据库获得的耕地分布现状矢量数据；2020 年该市乡镇街道行政区划矢量数据，以及该市根据城市国土空间规划确定的重点建设开发区分布数据、重点生态功能区域分布数据。

按该市退耕还林项目工作的技术设计要求，坡度大于 25°的耕地，以及在沿海地区(距离海岸线 6 000 m 以内区域)高程大于 60m 的耕地，都需要考虑退耕还林。

☞ 问题：

1. 简述制作退耕还林工作的基础底图、基础底数的数据处理过程。
2. 简述统计各乡镇街道满足退耕还林要求的小班数据面积的作业步骤。
3. 项目二期计划采用 PDA 等移动互联网技术手段，对退耕还林小班数据成果进行更新，请简述有关数据更新的作业流程。

第二题(20 分)

根据××地级市基础测绘的需求，准备采用航空摄影测量法生产该市中心区 1∶2 000 数字地面模型。前期已完成如下工作：全部测区的航空摄影，区域网外业控制点测设和解析空中三角测量工作。

1. 测区概况：

该测区位于关中平原腹地，地势北高南低，由东南向西北呈阶梯形，平原约占总面积 1/5，平坦区约占总面积 1/5，高原丘陵区约占总面积3/5。南北长 56 km，东西宽 54 km，总面积 3 000 km^2。最低点高程 363 m，最高点高程 421 m。

2. 航摄资料：

本项目采用 UCX 数码航摄仪获取影像数据，像元尺寸为 7.2 μm，全色影像像素总数为 1 440×9 420，焦距为 100.5 mm，获取的影像地面分辨率优于 0.16 m。航空摄影测量的飞行质量和影像质量，以及区域网外业像片控制点的精度和成果质量已经通过质检部门的验收，符合相关规范和设计的要求。

3. DEM 生产技术要求 DEM 以正方形格网存储，格网尺寸为 2.5m×2.5m，格网点应包含坐标信息和高程信息，格网点的高程精度应符合表 12-1 的规定。

表 12-1

比例尺	格网尺寸/m	格网点的高程中误差/m			
		平 地	丘陵地	山 地	高 山 地
1∶2 000	2.5×2.5	0.5	0.70	1.80	3.00

4. 成果上交项目完成后，测绘单位向项目承担单位提交了下列成果：

(1)DEM 数据文件；(2)质量检查报告；(3)技术总结报告。

5. 主要技术依据：

(1)《1∶500 1∶1 000 1∶2 000 地形图航空摄影测量外业规范》(GB/T 7931—2008)。

(2)《1∶500 1∶1 000 1∶2 000 地形图航空摄影测量内业规范》(GB/T 7930—2008)。

(3)《1∶500 1∶1 000 1∶2 000 地形图航空摄影测量数字化测图规范》(GB/T 15967—2008)。

(4)《数字航空摄影测量 测图规范 第 1 部分 1∶500 1∶1 000 1∶2 000 数字高程模型 数字正射影像图 数字线划图》(CH/T 3007.1—2011)。

(5)《数字地形图产品基本要求》(GB/T 17278—2009)。

(6)《数字测绘成果质量要求》(GB/T 17941—2008)。

(7)《基础地理信息要素分类与代码》(GB/T 13923—2006)。

(8)《数字测绘成果质量检查与验收》(GB/T 18316—2008)。

(9)《测绘成果质量检查与验收》(GB/T 24356—2023)。

☞ 问题：

1. 用框图表示航空摄影测量法的 DEM 生产流程。
2. 简述 DEM 建立的主要技术环节。
3. 简述 DEM 生产成果质量检查中空间参考系检查和高程精度检查的主要内容。
4. 项目承担单位认为测绘单位提交的成果不完整，请将测绘单位需提交的成果补充完整。

第三题(20 分)

为了满足某城市经济发展及建设的需要，受该市城建规划局的委托，进行该市区 1∶8 000 比例尺数字航空摄影。摄区面积约 400 km^2，沿东西方向飞行，东西向长约 30.5 km，南北向长约 13 km。测区最低点高程为 39m，最高点高程为 201m。

1. 测区概况：

摄区内地势呈东南高、西北低，地貌以丘陵台地、冲积平原为主，平原区域江河水系密布。摄区属亚热带季风气候，长夏无冬，日照充足，雨量充沛，温差振幅小，季风明显，一年中 2—3 月日照最少，7 月日照最多，雨量集中在 4—9 月。考虑本次航摄的需要，所以最好在夏末春初季完成摄影。

2. 航摄仪选用：

选用高精度数码航摄仪 DMC2001，焦距为 120 mm，相幅 92 mm×166 mm。

3. 航摄要求：

本次航摄任务的实际情况确定航向重叠度为 65%，旁向重叠度为 30%。

4. 主要技术依据

(1)《1∶500 1∶1 000 1∶2 000 地形图航空摄影测量外业规范》(GB/T 7931—2008)。

(2)《1∶500 1∶1 000 1∶2 000 地形图航空摄影测量内业规范》(GB/T 7930—2008)。

(3)《数字测绘成果质量要求》(GB/T 17941—2008)。

(4)《数字测绘成果质量检查与验收》(GB/T 18316—2008)。

☞ 问题：

1. 航摄仪在哪些情况下必须进行检定？检定的项目有哪些？

2. 根据给出的摄区基本资料，试计算以下参数：摄影基准面、相对航高、绝对航高、能满足规范要求的最小分区数、摄区最高点和最低点的重叠度、摄区估算航片数及模型数。

3. 航摄项目成果质量检查主要包括哪些方面？

第四题(20 分)

某地块地处经济开发区，已发土地证，该地块四至界线明显清晰，由于该地经济发展需要，修建了一条东西走向的公路，横穿整个地块，公路北边因为经济发展需要已被合理征收，现公路南边地块需要进行变更测量，已知公路南边与该地块南边的内部道路相连接，某测绘单位承接了此次变更测量任务。

1. 测区概况：总面积 3 500 km^2，地形分为平地和丘陵；平地为主，占 80%。建成区 450 km^2 以多层楼房为主，农村居民地以一、二层建筑为主。

2. 数学基础：平面坐标系采用 1980 西安坐标系，高程系统采用 1985 国家高程基准。

3. 现有资料：县级以上行政界线资料，覆盖该地区的国家四等平面控制点资料，该地区最新的 1∶10 000 比例尺地形图。

4. 测图比例尺与分幅：地籍图采用 1∶500 比例尺，地图分幅为 50 cm×50 cm 矩形分幅。

测绘单位调查员对该地块进行了实地调查，填写了地籍调查表，并埋设了界桩，对一个原有的界桩位置进行了测量，经测量发现，其界址点精度和原界址点精度对比超限，该调查人员引用了本次测量的界址点成果。

☞ 问题：

1. 变更地籍测绘工作中，界址发生变化的宗地如何进行界址测量？

2. 外业数据检查后，发现原界址点坐标超过了允许误差，直接用检查点坐标是否准确？请说明理由。

3. 变更地籍测绘工作中，地籍测绘成果资料的变更包含哪些内容？

4. 试用文字简述制定土地权属调查工作中地籍测绘的工作流程，并简要说明每一个环节的主要工作。

第五题(20 分)

某 A、B 两省沿着高速铁路线路方向设有成对的 CORS 站，CORS 站作为线路的 CP 0 控制点联测了 4 个国家 A/B 级 GPS 点和两个 IGS 跟踪站，获得 CP 0 框架平面控制网坐标，用光电测距三角高程测量方法联测了 6 个二等水准点。基线解算合格后使用高精度 GNSS 数据专用处理软件进行三维约束平差，最弱边相对中误差满足《高速铁路工程测量规范》中关于 CP 0 最弱边相对中误差小于 1/200 000 的要求。

采用光电测距三角高程测量单程双对向观测法联测 C、D 点间高差的外业某一测回观测数据见表 12-2，所测斜距已经过加、乘常数和气象改正，大气折光系数 K 取 0. 12。

表 12-2

观测	斜距(m)	竖直角	仪器高(m)	棱镜高(m)
往 测 1	652. 103	6°12′34″	1. 653	1. 735
返 测 1	652. 107	−6°12′30″	1. 634	1. 682
往 测 2	652. 104	6°12′31″	1. 652	1. 735
返 测 2	652. 108	−6°12′33″	1. 633	1. 680

☞ 问题：

1. CP Ⅰ、CP Ⅱ、CP Ⅲ分别代表什么控制网？CPIII 平面测量采用什么方法完成？

2. 如何克服 CP 0 边长变形影响，获得 CP Ⅰ控制网平面直角坐标？

3. 计算经球气差改正后 C、D 两点间的高差。

4. 判断 C、D 两点间两组对向观测高差的平均值较差是否能满足四等三角高程测量精度的要求。

第六题(20 分)

某市位于华北地震带边缘，该市有一幢 300 m 高的大楼位于城市的中部，该地区近期发生数次 4 级左右地震，居住地居民感受明显。为了监测大楼震后变化情况，某测绘单位承接大楼震后变形监测任务。

1. 已有技术资料：

(1)建筑物总平面图、施工设计图及相关说明文档。

(2)施工首级 GPS 控制网资料(城市独立坐标系)。

(3)周边地区一、二等水准点资料(1985 国家高程基准)；

(4)其他相关资料。

2. 主要参照规范：

(1)《工程测量规范》(GB 50026—2020)；

(2)《建筑变形测量规范》(JGJ 8—2016)；

(3)《国家一、二等水准测量规范》(GB/T 12897—2006)。

3. 投入的主要测量设备：

(1)0. 5″级全站仪，1 台套；

(2)双频 GPS 接收机，4 台套；

(3)DINI03 电子水准仪，1 台套；

(4)50 米钢卷尺，1 把。

某沉降观测工作基点是由水准点 BM_1、BM_2间布设附合水准路线加密产生的 JM_1、JM_2两点，各测段外业观测数据见表 12-3。

表 12-3

测段	往测高差(m)	返测高差(m)	路线长度(m)
BM_1— JM_1	0. 451 37	-0. 451 51	160
JM_1—JM_2	-0. 282 54	0. 282 39	120
JM_2— BM_2	0. 210 76	-0. 210 66	140

☞ 问题：

1. 针对该幢大楼水平位移监测可选用哪些方法进行观测？对于水平位移变形监测点的布设位置有何要求？

2. 监测项目的变形分析包括哪些内容？

3. 拟采用 DINI03 电子水准仪以二等水准测量进行水准路线布设时，每个测站观测有哪些技术要求？

4. 计算该水准路线每千米水准测量偶然中误差 m_Δ，并判断是否满足二等水准测量的精度要求。

第七题(20 分)

为了满足某市数字城市建设的需要，某市计划生产该地区的 1 : 10 000 比例尺的数字正射影像图(DOM)。目前已完成了全部测区的航空摄影工作、区域网外业控制点的测设、解析空中三角测量和数字地面模型的生产等工作。

1. 测区概况：

测区为华北地区的一个地级市，总面积约 3 500 km^2。全区包含平地和丘陵地两种地形，其中，绝大多数是平地，约占整个测区面积的 80%，主要位于测区南部的大部分地区。测区内有少量丘陵地区，主要集中在测区的北部，其面积约占整个测区面积的 20%；测区内海拔平地低点为 24 m，丘陵地最高海拔 352 m。测区内建成区面积约为 350 km^2，主要分布在平坦地区，建成区内以多层建筑楼房为主，房屋密集；其农村居民地以一、二层建筑为主。

2. 主要技术依据：

(1)《基础地理信息数字产品 1 : 10 000　1 : 50 000 生产技术规程　第 3 部分：数字正射影像图(DOM)》(CH/T 1015. 3—2007)；

(2)《基础地理信息数字产品 1 : 10 000　1 : 50 000 数字正射影像图》(CH/T 1009—2001)；

(3)《基础地理信息数字产品 1 : 10 000　1 : 50 000 生产技术规程第 1 部分：数字线划图(DLG)》(CH/T 1015. 1—2007)；

(4)《数字测绘成果质量要求》(GB/T 17941—2008)；

(5)《数字测绘成果质量检查与验收》(GB/T 18316—2008)。

平面系统采用 1980 西安坐标系。高程系统采用 1985 国家高程基准。航空摄影采用传统的摄影方式，航摄比例尺为 1 : 20 000，航摄仪型号为 RC-30，像幅为 23 cm×23 cm，航摄仪焦距为 152 mm；影像扫描分辨率为 0. 02 mm，像片类型为真彩色。航摄总面积为 3 500 km^2，测区共布设 17 条航线，每条航线 44 张航片，测区航片总数为 748 张，航片的航向重叠 65%，旁向重叠 35%，东西向飞行。其他资料情况是：整个测区的解析空中三角测量、数字地面高程模型的采集工作已全部完成，其成果质量符合规范和技术设计的要求，并已全部通过质检部门的检查验收，同意移交给下一工序使用。

☞ 问题：

1. 用框图表示数字正射影像图的生产流程。

2. 试述 DEM 数据采集的基本原则。

3. 数字正射影像图质量检查的内容有哪些？

第八题(20 分)

某测绘单位为某省编制一幅综合经济挂图，该省东西方向宽约 400 km，南北方向长约 550 km。

挂图采用数字制图技术进行编绘，地理底图要素需从收集的资料中选择一种基本资料或数据进行编绘，按照中小比例尺专题地图编绘要求表示要素和进行制图综合，包括要素取舍、分类合并及图形概况等，制作形成符合四色印刷的印前数据，印前应进行严格的质量检查，确保挂图内容正确，要素的详细程度适中，各要素制图综合及图层关系处理合理，叠置顺序无误，地图设色、符号及注记配置和地图整饰美观。

1. 具体要求：

(1)挂图比例尺为 1：60 万，选用等角圆锥地图投影，请根据实际情况选择全开(1 092 mm×787 mm)或对开(787 mm×546 mm)。

(2)挂图的地理底图应表示主要基础地理要素，包括县级(含)以上境界、铁路、乡级(含)以上公路、乡镇(含)以上居民地，以及主要河流、湖泊、大型水库等。

(3)专题要素表示全省各县(市)的人均生产总值，各县(市)第一、第二、第三产业的比例构成等。

(4)境界、公路及居民地名称的现势性应达到 2024 年底。

(5)需公开出版发行，同时提交印前数据。

2. 收集的资料：

(1)2022 年更新生产的公开版 1：25 万地图数据，内容与 1：25 万地形图基本一致。

(2)全省行政区划简册，资料截至 2024 年底。

(3)2024 年发布的经济统计数据，含各县(市)人口数、生产总值，以及各县(市)第一、二、三产业的总值，资料截至 2024 年底。

(4)全省旅游交通图，比例尺 1：90 万，2024 年初出版。

☞ 问题：

1. 说明该挂图应选择的幅面尺寸及理由。
2. 说明编图中如何使用所收集的各种资料。
3. 简述如何编绘居民地和水系等地理底图要素。
4. 简述如何用饼图和柱状图方法表示专题要素，以及如何配置符号。

仿真试卷一参考答案

第一题参考答案

1. 简述采用空间分析方法实现货物在尽量短的时间内，从仓库到客户手中的过程。

(1)将 2019 年居民点数据，转换到 CGCS2000 坐标系下；

(2)对 2019 年各市县提交的交通路网数据进行质检，并进行数据处理，使得路网数据满足地理空间分析的数据标准要求；

(3)在组织民政部门、公安部门提供准确居民点，以及已有商场、商店分布的点状数据的前提下，以经过处理的路网数据为网络分析数据基础，定义居民点、商店数据为收货节点，定义仓库等为发货中心。

(4)按照流分析模型时间最小的优化要求，通过分析计算，计算配送过程中，各个路径的耗时，再通过快速比较，获取耗时最小的路径，从而设计出符合条件的运送方案。

2. 分析已有数据的用途。

(1)2017 年覆盖某省全省域的 1：1 万地形图数据，坐标系为 CGCS2000 坐标系，可作为电子地图的基础资料数据。

(2)2018 年行政区划数据，包括行政代码、行政区名、辖区面积等属性，坐标系为地方独立坐标系，用于更新 1：1 万 DLG 的境界、居民地名称，添加辖区面积等属性。

(3)WGS-84 坐标系下的 2019 年居民点数据，包括名称、所属行政区名称、人口数、户数等属性，用于更新 1：1 万 DLG 居民地、居民地名称。

(4)2020 年初，从民政部门、公安部门获得的兴趣点数据(POI)，如商场、仓库、商店、学校、医院等，属性信息包括名称、类型、门牌地址等，坐标系为 CGCS2000，用于更新和添加 1：1万 DLG 的兴趣点数据(POI)。

(5)2020 年某省行政区划简册，用于更新 1：1 万 DLG 的境界、居民地名称。

(6)2019 年各市、县数据生产部门汇交的交通路网 DLG 数据，坐标系为 CGCS2000，用于更新 1：1 万 DLG 的道路数据。

3. 根据任务需求，设计云平台下的地理商业智能选址分析系统的主要功能。

主要功能应包括：地图浏览、地图数据检索与查询、商业智能地理空间在线分析、地图输出等。

4. 简述电子地图居民地数据的处理方法。

(1)将所有与居民地有关数据的坐标系统转换到 CGCS2000 坐标系。

(2)2018 年行政区划数据用来更新 1∶1 万 DLG 的境界、居民地名称。

(3)2019 年居民点数据用来更新 1∶1 万 DLG 居民地、居民地名称。

(4)2020 年某省行政区划简册用来更新 1∶1 万 DLG 的境界、居民地名称。

(5)根据网络地图分级表示的要求，每级要素内容综合应遵循以下原则：

①在每级地图的地图载负量与对应显示比例尺相适应的前提下，尽可能完整地保留数据源的信息。

②下一级别的要素内容不应少于上一级别，即随着显示比例尺的不断增大，要素内容不断增多，而且上一级有的要素内容下一级别必须有。

③要素选取时应保证跨级数据调用平滑过渡，即相邻两级的地图载负量变化相对比较平缓。

第二题参考答案

1. 简述综合楼应计算建筑面积的内容。

综合楼应计算全建筑面积的部位有：

①临近商业街面外侧有永久性结构上盖的室外楼梯；

②商业区与住宅区之间有封闭的架空通廊；

③高 2.3 m 的水箱间；

④建筑内部的管理用房、设备用房、管道井、电梯井、变电间、公共门厅、地下车库；

⑤各层楼房屋建筑面积。

2. 简述本项目中应参与共有面积分摊的内容。

除作为人防工程的地下室、设备用房和管理用房以及地下车库不参与计算共有建筑面积，其他公共的房屋附属建筑物都应计算共有分摊面积。

3. 计算图 1-1 中 S_3 户的建筑面积(计算结果保留到小数点后两位)。

分摊系数=总共用分摊面积/总套内面积=183.9/2 245=0.081 915，该户建筑面积=该户套内建筑面积×(分摊系数+1)。

具体计算过程如下：

①套内总面积 $S_{总}=(S_{1套}+S_{2套}+S_{3套}+S_{4套})\times5=(82+126+159+82)\times5=2\ 245\ m^2$。

②共用总面积 $S_{共用}=(S_{梯}+1/2S_{外墙})\times5=(24+12.78)\times5=183.9\ m^2$。

③分摊系数 $K=S_{共用}/S_{总}=0.081\ 915$。

④S_3 的建筑面积根据公式：$S_{建筑面积}=S_{套内面积}+S_{分摊面积}$；$S_{分摊面积}=K\times S_{分摊面积}$。

$S_3=159+0.081\ 915\times159=159+13.02=172.02\ m^2$。

第三题参考答案

1. 国家民航管理部门为更好地管理辖区内多年影像数据，需要进行影像数据入库工作，请简述实现 RDBMS 中栅格影像数据存储的三种技术手段及其目的。

栅格影像数据同样利用关系型数据库来存储与管理，通过数据压缩、建立影像金字塔、影像物理分块三种技术手段来实现 RDBMS 中栅格影像数据的存储。

数据压缩的目的是通过压缩来减少影像的数据量；建立影像金字塔会占用一定的磁盘空间，但是可以提高影像显示速度；影像物理分块是为了在局部操作时减少数据量，提高分析处理效率。

2. 本场景中，如果需要实现 GIS 空间分析功能和训练场地及其周边环境的三维模拟显示功能，需要哪些数据?

GIS 的空间分析功能需要基于现有的土地利用现状数据、路网数据、该市行政区划范围数据、经脱密处理的机场中心点位数据来实现。而三维模拟显示功能，则需要基于 2017 年该市 CGCS2000 坐标系下的 DEM 数据，并把该市 DOM 作为纹理，与 DEM 进行叠加来实现。

3. 简述利用 GIS 的空间分析功能进行选址的步骤。

利用 GIS 的空间分析功能进行选址的具体步骤如下：

(1)将民航管理部门管理的精确的军(商)用机场中心点位数据，进行脱密处理，并把脱密后的点位数据转换到 CGCS2000 坐标系下；

(2)将该市独立坐标系下的 2017 年主要公路路网数据，转换到 CGCS2000 坐标系下；

(3)将 CGCS2000 坐标系下的 2017 年主要公路数据的道路中心线作为中轴线，设置距离为道路宽度一半+2 000 m，建立平行条带缓冲区；

(4)以经过数据脱密处理的，CGCS2000 坐标系下的机场中心点位数据为基础，设置距离为 10 km(10 000 m)，建立面状的圆形缓冲区；再把缓冲区范围与该市行政区划范围数据进行叠加，进行擦除分析，获取允许 UAV 飞行的机场外的 10 km 范围；

(5)2017 年该市 CGCS2000 坐标系下土地利用现状数据中，用非空间查询的 SQL 语句，获取面积为 1 km^2 以上的未利用地；

(6)将上述道路缓冲带数据、机场限飞范围外的面状数据以及满足面积要求的未利用地数据，三者叠置进行求交分析，获取拟选址的数据成果。

第四题参考答案

1. 航空摄影项目包括哪些内容?

主要包括航摄空域的申请、编写航空摄影技术设计书、航摄仪的选用和检定、航摄季节和航摄时间的选择、航摄比例尺选择、航摄基本参数计算、航摄区域划分、航空摄影、影像处理、成果质量检查和成果整理与验收等。

2. 根据案例计算下列摄影参数：摄影基准面、相对航高、绝对航高、航摄分区数。

摄影基准面：

$$h_{基}=(h_{高}+h_{低})/2=(315+25)/2=170\ m;$$

相对航高：

$$H_{相}=M\times f=20\ 000\times152\times0.\ 001=3\ 040\ \text{m};$$

绝对航高：

$$H_{绝}=H_{相}+h_{基}=3\ 040+170=3\ 210\ \text{m};$$

航摄分区数：

该区的高差为 344-8=336 m，小于相对航高 3 040 m 的 1/4，所以该区只需要一个摄区。

3. 航摄飞行质量检查的主要内容有哪些？

需要检查像片重叠度、像片倾斜角、像片旋偏角、航线弯曲度、航高保持，摄区、分区、图廓覆盖保证，图幅中线和旁向两相邻图幅公共图廓线的飞行质量，控制航线(构架航线)漏洞补摄，飞行记录等。

第五题参考答案

1. *A*、*B*、*C* 哪个地点适合建立 CORS 基准站？请说明理由。

A 点适合建立 CORS 基准站。因为 CORS 选址条件应符合：

(1)CORS 站址周围应便于安置接收设备和方便作业，视野应开阔；视场内高度角不宜大于 10°，困难地区视场内高度角大于 10°的障碍物遮挡角累计不应超过 30°；

(2)站址与周围电视台、电台、微波站、通信基站、变电所等大功率无线电发射源的距离应大于 200 m，与高压输电线、微波通道的距离应大于 100 m；

(3)站址附近不应有大型建筑物、玻璃幕墙及大面积水域等对接收机接收卫星信号有强干扰的物体。

综上所述，*B* 点位于房屋附近，易产生多路径效应，对信号接收和数据质量产生影响；*C* 点位于无线电塔，有较强的信号干扰，影响信号接收和数据质量；*A* 点视野开阔，高度角小，适合建立 CORS 基准站。而 *A* 点在上述的三个方面均满足条件，更适合建立 CORS 基准站。

2. 简述该项目中坐标换算重合点选取最合理的点位以及该项目局部地区 1980 西安坐标系与 CGCS2000 坐标系的转换步骤。

(1)选择 004、003、007 这 3 个点作为重合点最合理。理由是：

①重合点的分布要覆盖整个转换区域且尽量分布均匀；

②003、007 两点和 008、012 两点所构成几何图形结构强度好，坐标解算精度高，可靠性强。

(2)1980 西安坐标系与 CGCS2000 坐标系的转换步骤如下：

①确定转换模型(布尔莎七参数法)；

②重合点选取(至少拥有 3 个具有 CGCS2000 和 1980 西安坐标系共同点坐标)，选取 004、003、007 这 3 个点作为重合点；

③模型参数计算，求出坐标转换七参数；

④精度评估与检核(评估转换参数精度是否达到要求，否则重新找重合点计算)；

⑤用布尔莎模型将 1980 西安坐标系数据转换到 CGCS2000 坐标系内；

⑥选取需要转换区域的坐标数据，进行(X，Y，Z)到(B，L，H)的换算。

3. 大地水准面集成，如何解决 CORS 基准站山区服务盲区问题？

由于距离偏远，且多为深山峡谷，树木茂盛，山区网络信号受干扰大，卫星容易失锁，严重影响外业精度和作业速度，造成一定的服务盲区。解决山区服务盲区的措施主要有：

(1)通过网络预先查询短期卫星星历预报及电离层状态，安排有利的作业时间。

(2)需要重新初始化时，第一次固定后观测值不记录，第二次固定后再记录，避免初次固定解解算整周模糊度出现错误。

(3)选择精度高、稳定性强的高质量的机种。

(4)布设控制网时用静态 GNSS 或全站仪布设多余控制点，作为质量控制检核点。

(5)观测成果、精度要求不高的碎部测量可以直接按参数求取所测点的坐标、高程成果，精度要求较高的图根控制，可以记录 WGS-84 观测成果，通过专业软件，进行似大地水准面精化获取较高精度的坐标成果。

第六题参考答案

1. 拟采用 GNSS-RTK 进行像控点测量，对野外像控点有什么技术要求？

刺点的位置应避免在高层建筑的楼角，因为高层建筑与地面的高差较大，影响 GNSS 高程精度。平面点应尽量刺在矮墙、低房和平地上；高程点应刺在空旷的平地上，以便于观测和提高点位高程精度。刺点的点位应避开高大的楼群、高压电线、高频发射塔和高大树木以及对 GNSS 信号接收有影响的障碍物。点的位置应有利于交通，便于人和仪器的行走与接送。

2. 本工程的空三加密拟采用航带区域网法进行平差，常规的精度检测包括哪些内容？为了避免出现空三过程中人为干预平差结果(凑数)的情况，可采取的方法是什么？

(1)常规的精度检测包括：

①对于相对定向，应检查内定向残余上下视差、标准定向点残余上下视差、检查点残余上下视差。

②对于平差结果，应检查定向点残余误差、多余点不符值和区域网间公共点较差是否符合《城市测量规范》(CJJ/T 8—2011)的相关限差要求。

(2)为了避免空三加密过程中人为地干预平差结果(凑数)的情况出现，可采用预先布设检查点的办法。即在空三加密前预先在测区内选择一定数量的点位，由外业采集其坐标，这些点的坐标不提供给内业部门，要求在空三加密时采集这些点，并在提交空三成果时也包括检查点的解算坐标。由检查人员对比检查点的平差解算坐标和外业实测坐标，以评估平差结果的可靠性。

3. 本次航测成图拟采用“先内后外”的方法，简述航测内业的基本原则，并举例说明不同要素(至少 3 种)的采用要求。

内业数据采集应以不定性为采集原则。根据立体模型判读采集，观测时应正确选取地物、地貌的特征点和定位点。

(1)居民地采集时，房屋应以房顶(房檐)为准，不区分平房与楼房的属性，均以多边形表示；各种附属物依模型定位描述，图式中无相应符号的建(构)筑物，应按其实体的几何形状表示。

(2)独立地物应采集其定位点，图上大于符号尺寸的，应依比例尺采集其范围线。

(3)道路应以双实线表示，铁路按铁轨实宽表示。依影像判读采集的起分界作用的围墙、栅栏、篱笆和铁丝网均以单实线表示；各种植被的范围线用地类界表示。地形起伏较大和要求内业测注高程和等高线的区域，内业应在仪器上观测两次且在读数差小于 20 cm 时，取中数测注并绘制等高线。

(4)铁路、公路和城区主要街道等铺装道路面内业不测注高程注点，应在外业调绘时完成。地面上的管线应用相应的符号表示，起、折、终点应准确表示。河流、水库等水涯线应按影像测绘，能判定的桥涵应依比例尺表示。测绘地物、地貌时应检查相邻像对地物接边，在限差以内时，各改一半，实现数据完全接边。超限时应做处理。像对间地物接边不得大于地物点中误差的 2 倍，等高线接边不应大于一条基本等高距。

4. 简述外业调绘的主要内容，并举例说明不同要素(至少 3 种)的调绘要求。

外业调绘主要内容包括：确定房屋类别、标注楼房层数、改正房檐宽度、补测内业无法判测的地物、测注高程注记点和调查地理名称等。改正房檐宽度时，房屋轮廓应以墙基外角为准。

(1)应对内业判测的地形要素进行实地确定。

(2)应确定独立地物的性质和电杆属性(电力、电信)及连接方向。

(3)应确定双线道路的铺装材料并用相应图式符号表示。

(4)应对内业判测的垣栅和植被进行定性。

(5)高程注记点测量宜布设图根水准线路。高程注记点应测注在地形变换点上(道路交叉口、高大建筑基面上，堤、坡和坎的顶部)，测注的高程值应精确至厘米。湖泊、水库应以均值测注水位点高程；河流、干渠以流向测注水位点高程。

(6)应实地检测主要地物的相对关系；每幅图宜检测 20~40 条边。

第七题参考答案

1. 简述该地图网站的基本构成及其每个组成部分的作用。

该地图网站的基本构成由在线服务基础系统、门户网站系统、API 与控件库、在线数据管理系统四部分组成，其作用如下：

(1)在线服务基础系统：具备正确响应通过网络发出的符合 OGC 相关操作规范的调用指令的能力，支持地图(地理信息)资源元数据、地图(地理信息)浏览、数据存取、数据分析等服务的实现。

(2)门户网站系统：应包括的栏目有地图(地理信息)浏览、搜索定位、空间要素查询分析、标绘与纠错、数据提取与下载、路线规划、实时信息显示以及个性地图定制、照片及视频上传等，必须标注审图号，提供使用条款、服务运行状态等信息，提供平台使用帮助信息，为用户提供交流渠道。

(3)API 与控件库：提供调用各类服务的应用程序编程接口与控件，实现对各类互联网地图(地理信息)服务资源和功能的调用。

(4)在线数据管理系统：实现在线服务地图(地理信息)数据入库、管理、发布、更新、备份功能。

2. 如何处理该地图网站的安全问题？

该地图网站的在线网络地图的安全问题处理须从物理、网络、主机、存储介质、数据、应用等 6 个层面建立安全保密防护系统，防护范围包括各节点广域网络接入部分和数据生产加工区。

(1)从网络和技术的角度看，在线网络地图在网络通信中所面临的安全问题主要体现在以下几个方面：传输的内容被第三方窃取；信息在网上的传输过程中，可能被他人非法修改、删除和重放；网络传输的可靠性受硬件设备和软件缺陷的限制，使信息传输过程得不到保障；信息的存储和传输受到恶意破坏的威胁(如病毒威胁)；信息破坏包括网络硬件和软件的问题而导致信息传递丢失与谬误，以及一些恶意程序的破坏而导致在线网络地图信息遭到破坏。主要处理技术包括以下几个方面：数字签名技术、防火墙技术、入侵检测系统、信息加密技术、安全认证技术、防病毒系统等。

(2)从行政管理方面，公众版在线地理信息数据在发布之前必须严格按照《地图审核管理规定》的相关要求进行地图数据的脱密处理和地图送审，通过有关部门鉴定、审批，并获得审图号。此外，按照《信息安全技术 信息系统安全等级保护基本要求》(GB/T 22239—2008)第二级信息系统安全的要求，应该开展相关地图网站的等级保护和测评，使测评结果符合二级系统安全要求。

3. 该地图网站数据层的数据资源管理功能应包括哪些基本内容？

一般应包括地图(地理信息)数据入库检查、数据管理、查询检索、输入输出、数据分析、专题制图、分发服务、数据库维护、安全管理、数据备份等，视数据库不同及应用需求不同，管理系统功能可做适当的增删调整。

第八题参考答案

1. 说明挂图最合适的投影方式并简述理由。

编制单张省域挂图，而且该省处于中纬度地区，东西经差 8°，南北纬度差 5°。该制图区域沿东西方向延伸且处于中纬地区，正轴圆锥投影是最合适的投影方式。这样选择的地图投影地图图形要素变形小，精度高，能满足编制单张省域挂图的要求。

如果采用方位投影，则东西两边缘地区地图图形要素变形很大，因此方位投影不适宜该制图区，而是适宜于具有圆形轮廓的地区。

东西经差8°，超过了标准宽6°，如果采用高斯投影不但存在跨带和换带问题，而且东西两边缘地区地图图形要素变形很大，因此高斯投影不适合该制图区域。

2. 说明编制挂图所采用的资料和用途。

(1)2017年1∶50万地形图数据(DLG)。该数据要素全，居民地、交通、地貌水系和境界等要素内容详细，分级合理，质量好，地图要素内容详细程度满足新编图的需要，而且比例尺与新编图非常接近，地图制图综合难度比较小，可以作为挂图的基础地图资料。

(2)2019年出版的1∶90万《某省交通旅游地图》。作为更新1∶50万地形图数据(DLG)的交通网，旅游要素。

(3)2019年12月全省范围的航空正射影像数据分辨率为1.0 m。作为变化较快的道路、居民地和水系等要素的发现，并且进行更新。

(4)《中华人民共和国行政区划简册》(2020版)，用于更新与该省相邻省的境界和居民地名称。

(5)《某省行政区划简册》(2020版)，用于更新本省内的境界和居民地名称。

3. 简述挂图交通要素编绘方法。

(1)利用2019年出版的1∶90万《某省交通旅游地图》，对2017年1∶50万地形图数据(DLG)的交通要素进行全面更新。

(2)利用2019年12月全省范围的航空正射影像数据，对2017年1∶50万地形图数据(DLG)的交通要素最新变化的道路进一步的发现，并且进行更新。

(3)高速铁路、铁路、高速公路、国道、省道全部选取表示，对于这些道路的短小岔道可以删除。

(4)县乡道及以下等级道路，选取连贯性好的，能够构成道路网道路，删除连贯性差及短小道路，居民地没有选取的道路删除，道路网发达地区的这些道路少选，道路网密度稀疏地区的这些道路应适当多选。

(5)道路要素与其他要素发生矛盾时，按相接、相切和相离的关系进行处理。道路要素间发生矛盾时，保持高等级别道路要素位置正确，对低等级要素采取移位或者删除的方式处理。

仿真试卷二参考答案

第一题参考答案

1. 对该控制网水准测量外业高差和概略高程表编算时，所用高差应加入哪些改正？

在进行水准测量外业高差和概略高程表编算时，所用高差应加入标尺长度改正、温度改正、正常水准面不平行性改正、重力异常改正、固体潮改正、环闭合差改正。

2. 将地面方向观测值归算到参考椭球面的三差改正是什么？分别与哪些因素相关？

将地面方向观测值归算到参考椭球面的三差改正分别是垂线偏差改正、标高差改正、截面差改正。其中，①垂线偏差改正与垂线偏差、天顶距有关；②标高差改正和点位高度有关；③截面差改正和点位之间距离有关。

3. 分析距离校核时产生0.58 m差值的最可能原因。

距离校核时产生0.58 m差值的原因主要有：①投影面高程选取；②中央子午线选取。

因检查点在中央子午线附近，产生差值的因素最可能来自投影面选择。

第二题参考答案

1. 简述摄区的无人飞机航空摄影作业流程。

无人机航空摄影的作业流程主要有：

(1)航摄准备：包括对摄区基本情况分析、确定航摄设计用图，进行航摄区域空域申请，并根据航摄要求撰写无人机数码航空摄影专业技术设计书。

(2)航摄设计：充分考虑无人机特性，包括航线敷设、航摄基本参数(航向、旁向重叠度，摄影比例尺等)的计算、航摄季节(秋季)时间(通常为上午10点到下午2点)的选择、相机检校等。

(3)空中摄影：定点曝光，GPS轨迹信息监控。

(4)摄影处理与质量检查：进行无人机数据现场快速拼接处理，检查是否有航摄漏洞，如有漏洞和影像质量问题，按时补飞。

(5)航摄资料验收：根据技术设计书，对质量元素进行详查和概查，具体包括像片重叠度、像片倾斜角、像片旋偏角、航线弯曲度、航高差、航高范围覆盖、航线偏差、航摄漏洞、影像质量等，完成航摄资料的验收。

(6)成果提交和归档：包括数据和文档成果的提交和归档，具体包括硬盘存储高分辨率真彩色影像数据1套、像控片1份、像片索引图及数据文件1份、航摄相机检定表1份、成果资料登记表1份、航摄技术设计书1份、航摄技术报告1份。

2. 简述如何进行航摄分区和航线敷设。

通常情况下航摄分区需要注意：

(1)分区界线应与图廓线相一致；

(2)分区内的地形高差不得大于1/4相对航高；

(3)在确保航线的直线性前提下，分区应尽量划大；

(4)当地面高差突变或有特殊要求时，分区界线也可破图幅划分。

航线敷设按照如下规则进行：

(1)航线通常按东西向直线飞行、定点曝光，特定条件下，可根据地形走向与专业测绘的需要进行飞行；

(2)通常航摄航线应与测图图廓线平行进行敷设；

(3)测图控制作业困难地区，可根据用户的设计要求，敷设控制航线；

(4)分区内的地形高差不得大于1/4相对航高；

(5)在能够确保航线的直线性前提下，分区应尽量划大；

(6)当地面高差突变或有特殊要求时，分区界线可以破图廓线划分。

3. 如何确定摄影比例尺、分区基准面高程和摄影时间?

(1)对于1∶500大比例尺测图，通常航摄比例尺为1∶2 000~1∶3 500，对应数码影像的地面分辨率为4~7 cm。

(2)航摄分区摄影基准面的高度，通过分区内具有代表性的高点平均高程与低点平均高程之和的一半得到。

(3)选择航摄时间，既要保证具有充足的光照度，又要避免过大的阴影，一般根据摄区的太阳高度角和阴影倍数选定，对于本摄区，平地太阳高度角应大于20°，阴影倍数小于3倍；丘陵地太阳高度角应大于30°，阴影倍数小于2倍。

4. 若摄影比例尺为1∶3 000，计算基线长度、航线间隔、分区航线条数、每条航线影像数、分区总像片数、总模型数。

在东西向摄影飞行的前提下：

(1)基线长度=影像宽度×(1-航向重叠度)×摄影比例尺分母=0.022 464×(1-0.65)×3 000=23.587 2(m)；

(2)航线间隔=影像高度×(1-旁向重叠度)×摄影比例尺分母=0.033 696×(1-0.3)×3 000=70.761 6(m)；

(3)分区航线条数=分区宽度/航线间隔=2 000÷70.761 6=29(条)；

(4)每条航线影像数=(摄线长度+2×基线长度)÷基线长度=(1 000+2×23.587 2)÷23.587 2=45(张)；

(说明：因为要求航向两端需超出摄区边界不少于一条基线，所以实际的航线长度为：摄线长度+2×基线长度。)

(5)分区总像片数=每航线影像数之和=29×45=1 305(张)；

(6)总模型数=总航片数-航线数=1 305-29=1 276(个)。

第三题参考答案

1. 简述利用IKONOS卫星立体影像开展1∶10 000测图工艺流程。

立体测图生产流程：资料准备和技术设计、外业像片控制测量、空中三角测量、创建立体模型、立体测量地形要素、外业调绘与补测、矢量数据编辑、1∶1万数字地形图(1∶1万分层建库数据)、成果质量检查、成果整理与提交。

2. 1∶10 000测图的数学基础、分幅编号要求有哪些?

(1)数学基础：

①大地基准：2000国家大地坐标系；

②投影方式：高斯-克吕格投影，3°分带，当地中央经线；

③高程基准：1985国家高程基准；

④成图比例尺：1∶10 000数字线划图；

⑤基本等高距：平地、丘陵地(该市西南区域)为5 m，山地、高山地(该市东北区域)为10 m。

(2)分幅编号：

1∶1万数字线划图，采用50 cm×50 cm正方形分幅。图幅编号采用图幅西南角坐标，公里数取至整数。图廓间的公里数加注带号和百公里数。

3. 分析卫星立体测图精度的主要影响因素。

卫星立体测图精度的主要影响因素包括：

(1)空中三角测量的加密精度影响：空中三角测量结果算出的外方位元素直接作为立体测量的定向基准，其精度会直接影响前方交会的精度。

(2)同名像点的切准精度：即用测标切准所测地形、地物时，左右视差的误差会影响最终的成图精度。

(3)其他元素：如卫星影像的空间分辨率、影像的辐射质量等。

4. 分析卫星遥感影像与常规航空影像的异同点。

(1)卫星影像一般是基于线阵扫描成像，垂直轨道方向是中心投影，沿轨道方向不满足中心投影的成像原理，而常规框幅式航片则满足中心投影原理。

(2)卫星影像外方位元素可以提供严格成像模型或RPC参数，航空影像通常提供满足共线条件方程的严格成像模型。

(3)卫星影像获取的信息一般由多光谱和全色分离获取，全色影像分辨率高，多光谱影像分辨率相对较低，需要通过融合处理获取彩色高分辨率的影像。

第四题参考答案

1. 水深测量中，在码头外如何进行测深线的布设？

应从码头壁外 1~2 m 开始，每隔图上 2 mm 平行码头壁布设 2~3 条测深线。

2. 使用测深仪时，应测定仪器的总改正数。用校对法直接求测深仪总改正数适用的范围是什么？当用检查板进行校正时，测得检查板的深度读数为 A m，测深仪测得的深度读数为 B m，则如何计算总改正数？

适用于 0~20 m 水深范围；总改正数为$(A-B)$m。

3. 在本案例中如何进行 1、2 两验潮站间的深度改正？

依据案例材料可以很明显地看出，1、2 两站的控制范围不能重叠；并且此时两站间潮时和潮高的变化与其距离成比例，两验潮站间的瞬时水深可采用直线分带法或时差法进行水位改正。

4. 海岸地形测量需要上交哪些资料？

海岸地形测量需要上交以下资料：①着墨原图；②各种观测和计算手簿；③仪器检验资料；④高程透写图；⑤图历表；⑥透明纸接边图；⑦助航标志一览表；⑧其他。

第五题参考答案

1. 简述国土调查的主要工作流程。

土地调查的基本流程：准备工作、外业调查、基本农田上图、数据库及管理系统建设、统计汇总、成果整理、检查验收。

(1)准备工作主要包括：方案制定、人员培训、资料收集、仪器设备准备，以及调查底图制作等。

(2)外业调查包括：土地权属调查、土地利用调查、城镇地籍测量等。数据库及管理系统建设包括：农村土地调查数据库、城镇土地调查数据库及管理系统建设。

(3)成果整理包括：图件编制及报告编写等；检查验收包括：自检、预检和验收、核查确认等。

2. 海岛调查的主要技术要求有哪些？

海岛调查主要的技术要求有：

(1)对大潮平均高潮线以上、面积大于等于 500 m^2、不与大陆相连的海岛进行调查与统计，海岛范围调查至零米等深线。

(2)有常住居民的海岛，应实地调查。

(3)其他海岛，调查底图覆盖到的，调绘至底图上。调查底图覆盖不到的，依据相关资料确定其位置(经纬度)，仅对海岛的名称(无名称的可编号)、地类和面积等进行统计。

3. 根据检查记录，作业人员是否存在遗漏或错误，如有请指出，并修正。

根据检查记录，作业人员确实存在遗漏一处、错误一处，分别是：

(1)调查底图应完整标绘全部调查信息，遗漏“线状地物及宽度”；

(2)编号统一以行政村为单位，对地类图斑、线状地物分别按从左到右、自上而下由“1”顺序编号。补测地物的编号在顺序号前加“B”。

第六题参考答案

1. 对于该烟囱的基座部分主要监测什么项目？监测过程应遵循哪些原则？应提交哪些主要成果？

(1)对烟囱基座主要进行沉降观测。

(2)沉降监测自始至终要遵循“五定”原则：①沉降监测依据的基准点、沉降监测点点位要稳定；②所用仪器、设备要稳定；③监测人员要稳定；④监测时的环境条件基本一致；⑤监测路线、镜位、程序和方法要固定。

(3)提交的主要成果包括：沉降观测记录、沉降量统计表、沉降曲线图、沉降监测分析报告等。

2. 对该烟囱主体部分主要监测什么项目？写出选择的监测仪器与测量步骤。

对该烟囱主体部分主要监测倾斜变形。

采用测定烟囱顶部中心和底部中心坐标的方法进行变形监测。本项目采用高精度全站仪，用交会法进行倾斜变形观测。

具体测量步骤如下：

(1)将烟囱施工期间的控制点(A、B、C、D)作为工作基点，另在距离烟囱稍远的稳固地带布设基准点，与工作基点组成烟囱变形监测控制网。用双频 GNSS 接收机和精密水准仪分别测定控制网各点坐标和高程。

(2)在各工作基点架设高精度全站仪，对顶部、底部观测点分别进行角度和距离测量，距离测量可采用免棱镜观测。分别计算烟囱顶部和底部观测点坐标值。

(3)由观测点坐标分别推算烟囱顶部和底部中心坐标。理论上烟囱顶部中心和底部中心坐标应该重合。其差值即为偏离值。该偏离值与烟囱高度之比，即为烟囱倾斜值。

(4)定期重复测定烟囱底部和顶部中心坐标，其差值变化量即为烟囱倾斜值变化量。

3. 烟囱变形监测还可以采用哪些方法和技术？

烟囱变形监测除了上述方法外，还可以采用近景摄影测量法、三维激光扫描法进行变形监测。也可以安装静力水准测量装置进行倾斜测量，或者在烟囱主体安装 GNSS 接收机进行实时动态变形监测。

第七题参考答案

1. 说明挂图选择最合适的投影方式，简述理由。

我国横幅挂图，主图处于中纬度地区，制图区域沿东西方向延伸且处于中纬度地区，正轴圆锥投影是最合适的投影方式。选择这样的地图投影，地图图形要素变形小，精度高，能够满足编制挂图的要求。

如果采用方位投影，东西两边缘地区地图图形要素变形很大，因此方位投影不适宜该制图区，而是适宜于具有圆形轮廓的地区。

墨卡托投影是正轴等角圆柱投影，如果在该制图区采用，则整个制图区的地图图形要素变形都很大。因此墨卡托投影不适宜该制图区。

2. 说明编制挂图所采用的资料和用途。

(1)1∶100 万数字地图作为新版挂图的基本资料，矢量层数据的主要来源。

1∶100 万地图覆盖全中国政区、居民地、交通、文化、水系、地形、海洋等矢量数据。数据现势性到 2019 年。

(2)2019 年省界 1∶100 万数据，用来更新校正省界。

(3)2019 年出版的《中华人民共和国省级行政单位系列图》用于主区水系、居民地、交通网等矢量要素的更新与补充。

(4)《中华人民共和国行政区划简册》(2019 版)，用于主区行政区划和地名的核改。

(5)2019 年出版的《世界分国地图》，用于核改邻区部分各矢量要素和地名。

3. 简述基本资料数据处理内容。

(1)数据源内容的选取。

1∶100 万数字地图是根据地理要素的分类分层存储的，地图分层作为数字地图生产采用的基本技术之一，一方面可以将复杂的地图简单化，从而大大简化数据的处理过程；另一方面，以单一的图层作为处理单位，为以后的数据提取和数据修改提供了方便。在提取矢量数据源时，首先要参考矢量数据的逻辑分层，从中选择所要提取的地图图层。

(2)投影变换。

数字地图 1∶100 万(2018 版)矢量数据采用地理坐标记录空间数据，因此在格式转换的同时，需对其进行投影转换，把地图数据地理坐标转换成挂图选用正轴等角割圆锥投影的平面坐标。

(3)数据格式转换。

数据格式转换的最主要途径是将资料图的数据格式转换成能够被图形编辑软件所能接收的标准图形、图像文件格式。

1∶100 万数字地图(2018 版)矢量数据是以 Arc/Info Library 格式存储，而新编图是在

CorelDraw 软件环境下进行编辑和符号化的，因此需将数据源的数据格式转换成 CorelDraw 软件所能接受的格式，如 CDR。

第八题参考答案

1. 该平台建设中，哪些功能的实现采用 C/S 结构？哪些功能的实现采用 B/S 结构？简述理由。

社区管理的功能主要包括社区基本信息发布、社区人口资源管理、社区设施资源管理、社区治安监控管理、法人信息管理；社区人口资源管理功能包括“以房管人”，加强人口流动管理，在地图上进行院落、平房门牌号的划分，以地图为载体加强流动人口登记管理，直接将流动人口的信息与地图上的空间位置相关联。采用 C/S 结构实现。

网络地图功能包括图层管理、地图浏览、数据编辑、定位查询、打印输出、空间分析、地图标注和测量功能等。采用 B/S 结构实现。

C/S 是建立在局域网的基础上，B/S 是建立在广域网的基础上；C/S 客户端的计算机配置要求较高，B/S 客户端的计算机配置要求较低。

C/S 模式的优点：由于客户端实现与服务器之间相连，没有中间环节，因此响应速度较快；操作界面美观，形式多样，可以充分满足客户的个性化要求。C/S 结构的管理信息系统具有较强的事务处理能力，能实现复杂的事务流程。

B/S 模式的优点：具有分布式特点，可以随时随地进行查询和浏览等业务处理。业务扩展简单方便，增加网页即可增加服务器功能。维护简单方便，只需要改变网页，即可实现所有用户的同步更新，开发简单，共享性强。

2. 该信息平台在社区管理方面需要开发哪些功能？

社区管理方面需要开发的功能有：社区基本信息发布、社区人口资源管理、社区设施资源管理、社区治安监控管理、法人信息管理。

社区人口资源管理方面需要开发的功能有：“以房管人”，加强人口流动管理，在地图上进行院落、平房门牌号的划分，以地图为载体加强流动人口登记管理，将流动人口的信息与地图上的空间位置直接关联。

3. 请为该平台设计至少 3 种专题地图表达方式以对社区人口规模、人口变动、人口密度等空间分布情况进行统计分析。

可以用分级统计图法或点值法表示人口密度，采用分区统计图表法表示各区的人口规模及人口变动情况。

仿真试卷三参考答案

第一题参考答案

1. GNSS 测量是如何实施的？对 GNSS 点布设有何要求？

(1)GNSS 测量实施措施：

①首先在地面上布设 GNSS 三等大地控制网(C 级网，方位精度约为 2″，水平精度约 10 mm，1 km 边长对应的方位角精度为 2″)；

②和周边的 GNSS 基准站网或国家一、二等网有效连接，可采用基于连续运行基准站或同步环的测量模式，同步环需使用三台以上边双频 GNSS 接收机，边连接方式测量。

(2)点位布设要求：点位布设在两端坑道口附近，最少各一个点位，该点还要和其他一个至少相距 1 km 以上的点位通视。

2. 简述隧道内完成方位角传递的方法和技术指标。

隧道内部使用两端有已知方位角的三等导线测量实施方位传递，仪器用 2 级以上全站仪，导线的边数不超过 10 条才能满足精度 3″，洞内导线平均边长为 1 000 m。

3. 简述本次任务大地方位角计算的基本步骤。

(1)首先，根据 GNSS 点大地坐标 L、B 利用大地主题反算公式计算两个隧道口点位和对应通视点的两个已知的大地方位角，并将此方位角投影到高斯平面上。

(2)在平面上根据测得隧道内导线水平角(需换算至高斯平面)，以此推算各个导线边的平面坐标方位角，然后再根据洞内导线点坐标计算每点的子午线收敛角和每个方向的曲率改正，大地方位角即可求出。

第二题参考答案

1. 简述岸边潮位仪布设地点选址要求。

岸边潮位仪布设地点选址应满足：

(1)水尺前方应无沙滩阻隔，海水可自由流通，低潮不干出，能充分反映当地海区潮汐情况的地方；

(2)水尺能牢固设立，受风浪、急流冲击和船只碰撞等影响较小的地方，如有可能尽量在固

定码头壁上安装水尺；

(3)水尺应设在岸滩坡度较大的地方；

(4)能牢固埋设工作水准点，并便于与主要水准点以及国家水准点、控制点进行联测的地方；

(5)适当考虑验潮人员的安全生活和交通便利性，在保证水位观测精度的前提下，尽可能把验潮站选在居民点附近；

(6)海上定点验潮的，要求海底平坦、泥沙底质、风浪和海流较小的地方。

2. 本案例可以采用哪些跨河水准测量方法？测量场地选定与布设应满足哪些要求？

根据题目所给的设备，可以采用倾斜螺旋法和 GNSS 测量法；测量场地选定与布设应满足：

(1)应选用测线附近，利于布设工作场地与观测的较窄河段处。

(2)跨河视线不得通过草丛、干丘、沙滩的上方。

(3)两岸仪器视线距水面的高度应大致相等(测距三角高程法除外)，当跨河视线长度小于 300 m 时，视线高度应不低于 2 m；大于 500 m 时，视线高度应不低于 $4\sqrt{S}$ m(S 为跨河视线长度千米数。水位受潮汐影响时，按最高潮位计算)，当视线高度不能满足要求时，应埋设牢固的标尺桩，并建造稳固的观测台或标架。

(4)两岸由仪器至水边的一段距离，应大致相等，其地貌、土质、植被等也应相似，仪器位置应选在开阔、通风之处，不应靠近墙壁及土、石、砖堆等。

(5)过河视线方向，宜避免正对日照方向，困难时可适当增大视线长度，或采用标灯测光。

(6)布设跨河水准测量场地，应使两岸仪器及标尺点构成平行四边形、等腰梯形或大地四边形。

3. 处理测深数据时，某测点数据综合改正值为-0.65 m，潮位改正值为 1.11 m，最后计算得到该点水深值的绝对值为 25.65 m，求该测点对应的海底高程。

由于最后在计算该点水深值时(见图 3-4)，已经考虑综合改正值和潮位改正值，所以这两者为干扰条件。该点海底高程应为

$$-(1.87-0.16+25.65)=-27.36\ \text{m}$$

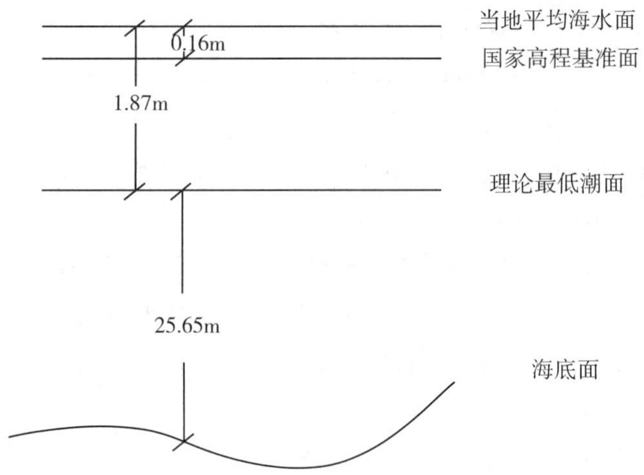

图 3-4

第三题参考答案

1. 本项目中，选定导线边应注意哪些事项？并计算 B、C、D、E 点的高程。

(1)导线边选定应注意：

①测线应尽量超出地面或障碍物 1.3 m 以上；

②测线应尽量避开大城市、河流、湖泊、水库等上空和烟雾地带；

③测线与高压输电线平行时，应在高压线两侧 5 m 以外通过，且不得穿越高压线与地面间的空隙；

④测线应尽量避免锅底形谷地、无植被的坚实平地等对电磁波有强烈反射的地形；

⑤测线通过的地形还必须适合于测角，没有明显的旁折光影响；

⑥若测线长度小于 5 km 或测线两端点间的高差满足式(1)的要求时，则测线两端点间的高差可用对向观测垂直角的三角高程法求得；否则，其高差应用水准测量方法测定。

$$\begin{cases}\text{海控一级导线边：} h\leqslant 200\times D\\ \text{海控二级导线边：} h\leqslant 400\times D\end{cases}\qquad(1)$$

式中：h 为测线两端点间的高差，m；D 为测线长度，km。

(2)计算 B、C、D、E 点的高程。

①计算高差闭合差：$f_h=\sum h=-0.024\text{ m}=-24\text{ mm}$。

②分配闭合差，计算改正数：$\sum L=12\text{ km}$。

$$V_1=-\left(L_1/\sum L\right)\times f_h=2\text{ mm};\ V_2=-\left(L_2/\sum L\right)\times f_h=6\text{ mm};$$

$$V_3=-\left(L_3/\sum L\right)\times f_h=4\text{ mm};\ V_4=-\left(L_4/\sum L\right)\times f_h=7\text{ mm};$$

$$V_5=-\left(L_5/\sum L\right)\times f_h=5\text{ mm}。$$

③计算改正后的高差的高程：

$$H_B=H_A+h_1+V_1=39.784\text{ m};\ H_C=H_B+h_2+V_2=37.338\text{ m}。$$

$$H_D=H_C+h_3+V_3=39.399\text{ m};\ H_E=H_D+h_4+V_4=40.184\text{ m}。$$

2. 简述海图的制作流程及其内容。

目前制作海图一般都采用计算机辅助制图，其制作流程主要分 4 个阶段。

(1)编辑准备阶段：即海图总体设计。

(2)数据输入阶段：将编图时所用的图形资料、数字资料、文字输入计算机的过程。

(3)数据处理阶段：通过对数据的加工，取得新编海图的过程。包括两个方面：

①数据与处理，包括投影、制图坐标系与比例尺的变换，高程基准面和深度基准面的改算以及不同数据的格式转换。

②获取新编海图的数据处理，包括新编海图数学基础的建立；

(4)图形输出阶段：直接在计算机屏幕显示海图，再将海图数据传输给打印机，喷绘彩色海图；海图数据传输到数字式直接制版机，制成直接上机印刷的印刷版，然后印刷彩色海图产品；海图数据传输到数字式直接印刷机可直接印刷彩色海图产品。

3. 当利用 2001 年及 2003 年所测海图时，相邻图幅之间需要进行拼接测量，应注意哪些问题？

不同年代海图相邻图幅之间需要进行拼接测量，应注意：

①在拼接处应至少重叠一条测深线；

②重叠测深线布设方法：每幅图应各自从拼接的图廓线起向外 0.5 cm 布设一条测深线，再依次布设本幅图其他测深线。上述两条测深线的两端均应向图廓外延长 1~2 cm；

③当拼接水深不一致时，应查明原因，或报告上级业务部门处理。

4. 在海图印制结束后，印制部门应对印制的成图逐张检验。检验的主要内容具体有哪些？

检验海图的成图产品的内容包括：

①印刷色彩是否符合规定的色标，色彩是否均匀，印迹是否清晰实在，图面是否清洁，成套挂图各幅图之间色调是否一致；

②同线划有无印双色或漏印现象，各种颜色线划要素同向套合差是否超限(0.4 mm)，普染要素套合差是否超限(0.6 mm)；

③各种注记和图廓外整饰有无未印上的内容。

第四题参考答案

1. 试按照图 3-2 所示计算该栋钢筋混凝土结构房屋的用地面积、建基面积及总建筑面积。

计算过程如下：　　　单位：长度 m，面积 m^2

A4：5.81×9.01=52.348 1；

A3：4.53×9.12=41.313 6；

骑楼：3.12×9.12=28.454 4；

飘楼：2.13×9.01=19.191 3；

不封闭阳台 2~3：1.41×3.41=4.808 1；

余地：3.31×9.01=29.823 1；

(1)用地面积：

52.348 1+41.313 6+28.454 4+29.823 1=151.94 m^2；

(2)建基面积：

151.939 2−29.823 1=122.12 m^2；

(3)总建面积：

52.348 1×4+41.313 6×3+28.454 4×2+19.191 3×3+(4.808 1×2)×0.5=452.62 m^2。

2. 试按照如图 3-3 所示尺寸，计算阁楼的有效建筑面积，并计算该房屋的用地面积、建基面积及总建面积。

因为房屋天面上，属永久性建筑，层高在 2.20 m 以上的楼梯间、水箱间、电梯机房及斜面结构屋顶高度在 2.20 m 以上的部位，按其外围水平投影面积计算。

所以，假设可以阁楼计算面积的部分，水平方向长度分别为 X_1、X_2，根据相似三角形原理，可以列式：

$$X_1 = 5.12 \times (3.76 - 2.20) / (3.76 - 1.84) = 4.16\ \text{m};$$

$$X_2 = 6.26 \times (3.76 - 2.20) / (3.76 - 1.94) = 5.37\ \text{m};$$

计算面积：

(1)阁楼有效建筑面积：

$$(4.16 + 5.37) \times 6.86 = 65.375\ 8\ \text{m}^2;$$

(2)用地面积、建基面积：

$$11.38 \times 6.86 = 78.07\ \text{m}^2;$$

(3)总建面积：

$$78.066\ 8 \times 2 + 65.375\ 8 = 221.51\ \text{m}^2。$$

3. 房产测绘成果必须实行备案审查，目前审查的内容主要有哪些方面？

目前审查的内容主要有：

(1)施测单位的资格。

(2)测绘成果的适用性。

(3)址点的准确性、面积测算的依据与方法。

(4)当地房产行政管理部门规定的其他审查内容。

第五题参考答案

1. 简述数字空中三角测量的目的和主要输出成果。

数字空中三角测量的主要目的是为像片纠正、数字高程模型建立和地物立体采集提供地面控制数据和像片定向成果，其输出成果是像片加密点大地坐标及像片的外方位元素。

2. 数字空中三角测量(空三加密)需要哪些起算数据？

起算数据主要有：航空像片原始扫描数据、航摄仪鉴定成果数据、区域网外业控制点成果表、区域网外业像片控制点刺点片等。

3. 用框图表示数字空中三角测量的基本流程。

数字空中三角测量的基本流程如图 3-5 所示：

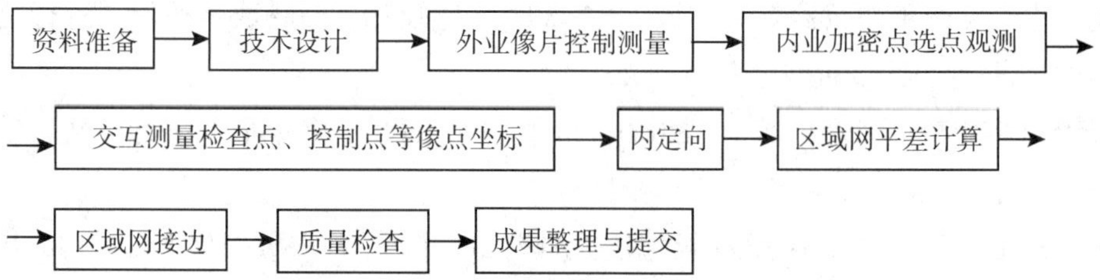

图 3-5

4. 数字空中三角测量任务完成后，应提交的成果主要有哪些？

数字空中三角测量任务完成后，应提交的成果主要有：

(1)观测与平差计算成果数据文件：起算数据文件、像点坐标观测文件、整体平差后的像点大地坐标文件、区域网内影像的外方位元素文件。

(2)精度评定文件：整体平差报告文件。

(3)辅助成果：视用户的要求而定，一般包含测区区域网分区图、区域网略图、技术总结报告。

第六题参考答案

1.《图集》还有哪些主要内容需要设计？

《图集》还有如下内容需要设计：

(1)地图集投影设计；

(2)图幅的比例尺设计；

(3)图幅分幅设计；

(4)地图内容表示法设计；

(5)地图图面配置设计；

(6)地图图例设计；

(7)《图集》整饰设计。

2. 简述《图集》5 个图组的编排顺序以及各图组应包括哪些内容。

《图集》5 个图组的编排顺序为序图组、城区详图组、社会经济图组、资源环境图组、发展规划图组及地名索引。其中：

(1)序图组包括地理位置、行政区划、地势图等内容；

(2)城区详图组包括该市全市域分幅影像图，用影像图来反映基础地理信息；

(3)社会经济图组包括人口、综合经济、生态旅游、科技教育、文化卫生等内容；

(4)资源环境图组包括气候、水资源、植被、土地利用、地质等内容；

(5)发展规划图组包括城乡总体规划、重点发展区域规划、专项规划、生态旅游规划、新农村建设规划、水资源利用规划等内容；

(6)地名索引包括道路索引、单位名索引、公共设施索引等。

3. 简述《图集》设计中统一协调应包含的内容。

《图集》统一协调的内容主要有：

(1)图集的总体设计要贯彻统一的整体观点；

(2)采用统一的原则设计地图内容；

(3)采用统一协调的制图综合原则；

(4)采用统一协调的整饰方法。

4. 在《图集》分幅设计中，若中心城区的影像安排 44 幅，城市郊区影像安排 41 幅，现有两种分幅设计方案：①中心城区采用 1∶5 000，城市郊区采用1∶10 000；②中心城区采用 1∶8 000，城市郊区采用 1∶16 000。应选择哪个方案？请简述理由。

应采用矩形幅、无缝连续拼接方式，便于跨页查询，另一方面矩形分幅时应注意重要区域的完整性。分幅比例尺应该选择方案二的分幅方式，中心城区采用1∶8 000，城市郊区采用 1∶16 000。由于方案一制图范围小于某市的市域面积，方案二制图范围略大于某市的市域面积，可以完全覆盖全市区域，因此应该选择方案二的分幅方式。

计算过程如下：

(1)方案一：重点区域采用 1∶5 000，一般区域采用 1∶10 000。

单幅图制图面积：

$0.48\times0.33=0.158\,4(m^2)$。

重点区域单幅图实地面积：

$0.158\,5\times5\,000\times5\,000=3\,690\,000(m^2)=3.96(km^2)$。

一般区域单幅图实地面积：

$0.158\,5\times10\,000\times10\,000=15\,840\,000(m^2)=15.84(km^2)$。

总实地面积：

$3.96\times44+15.84\times41=823.88(km^2)<1\,616.50(km^2)$。

(2)方案二：重点区域采用 1∶8 000，一般区域采用 1∶16 000。

单幅图制图面积：

$0.48\times0.33=0.158\,4(m^2)$。

重点区域单幅图实地面积：

$0.158\,5\times8\,000\times8\,000=10\,137\,600(m^2)\approx10.14(km^2)$。

一般区域单幅图实地面积：

$0.158\,5\times16\,000\times16\,000=40\,550\,400(m^2)\approx40.55(km^2)$。

总实地面积：

$10.14\times44+40.55\times41=2\,108.71(km^2)>1\,616.50(km^2)$。

第七题参考答案

1. 按野生动物适宜活动地区的要求，简述该野生动物保护区数据生产的作业过程。

按野生动物适宜活动地区的要求，该野生动物保护区数据生产的作业过程如下：

(1)使用全市 2017 年 DEM 数据(30 m×30 m)，进行坡度分析，获取该市的坡度数据；然后提取坡度小于 20°的区域范围，形成坡度小于 20°的区域范围数据图层；

(2)利用全市 2016 年 1∶5 000 植被分布数据，通过查询分析，获取植被类型为竹类，且植被面积大于 2 km^2的竹类植被数据，形成面积大于 2 km^2的竹类植被数据图层；

(3)利用全市 2017 年 1∶10 000 主要交通路网 DLG 数据，以 5 000 m 缓冲宽度进行主要交通路网缓冲分析；形成距离主要路网 5 000 m 内范围数据图层；

(4)由于资料数据坐标系均采用 WGS-84 坐标系，可以直接将上述坡度小于 20°的区域范围、面积大于 2 km^2的竹类植被数据，以及距离主要路网 5 000 m 内范围数据，进行叠置分析，生成坡度小于 20°的区域范围、面积大于 2 km^2的竹类植被数据且不在距离主要路网 5 000 m 内范围野生动物保护区数据。

2. 简述生活垃圾处理厂选址的作业流程。

生活垃圾处理厂选址的作业流程如下：

(1)利用 2017 年 1∶10 000 城市建成区 DLG 数据，以 5 000 m 缓冲宽度进行城市建成区缓冲分析；形成距离城市建成区 5 000 m 内的区域数据图层。

(2)利用 2017 年水源保护区数据，以 5 000 m 缓冲宽度进行水源保护区缓冲分析；形成距离水源保护区 5 000 m 内的区域数据图层。

(3)由于资料数据坐标系均采用 WGS-84 坐标系，可以直接将距离城市建成区5 000 m内区域数据、距离水源保护区 5 000 m 内的区域数据与全市 2017 年生活垃圾处理厂备选地址的点位数据进行叠置分析；得到将同时不落在步骤(1)(2)成果数据中的生活垃圾处理厂备选地址点位数据图层。

(4)将步骤(3)的成果数据与全市 2017 年 1∶10 000 主要交通路网 DLG 数据进行路径分析，得到交通便利的生活垃圾处理厂备选地址。

3. 如何判断该生活垃圾处理厂是否在该受保护野生动物保护区范围内？

该生活垃圾处理厂是否在该受保护野生动物保护区范围内的判断方法如下：

对该生活垃圾处理厂数据与该受保护野生动物保护区范围数据进行叠置分析，也可以用空间关系包含查询。如果野生动物保护区包含了处理厂所在的数据点，则表明该生活垃圾处理厂在该受保护野生动物保护区范围。否则，该生活垃圾处理厂不在该受保护野生动物保护区范围内。

第八题参考答案

1. 根据上述数据资源情况制定该市域在线地理信息数据生产数据源利用方案。

(1)先利用道路骨干网数据对全市域 1∶2 000、市中心 1∶500 数字地形图进行更新，使所有数据集中的道路骨干网的现势性都达到 2019 年。

(2)再利用 POI 数据对全市域 1∶2 000、市中心 1∶500 数字地形图进行更新，使所有数据集中 POI 的现势性都达到 2019 年。

(3)然后利用更新后的数字地形图数据进行 18~20 级电子地图数据生产。其中，市中心使用更新后的 1∶500 数据，其余区域使用更新后 1∶2 000 数据。

2. 简述公众版在线地理信息数据脱密处理的内容与方法。

公众版在线地理信息数据脱密处理主要包括数据内容与表示、空间位置精度和影像地面分辨率等。

(1)互联网电子地图数据的内容与表示需符合相关规定，不得表达涉及军事、公共安全、国家经济命脉等方面的信息内容，表达的境界、地名等有关内容应符合相关规定。

(2)互联网电子地图数据的空间位置精度不得高于50 m，等高距不小于50 m，数字高程模型格网不小于100 m。

(3)公开使用的遥感影像空间位置精度不得高于50 m；影像地面分辨率不得优于0.5 m；不标注涉密信息、不处理建筑物、构筑物等固定设施。

3. 简述网络电子地图生产步骤和数据处理方法。

(1)数据处理：从地理空间数据(矢量数据、影像数据等)中进行内容选取。

(2)模型重构：对选取的数据进行模型重构、规范化处理等。

(3)可视化表达处理：对不同比例尺符号、注记的规格、样式等进行处理。

(4)脱密处理：对涉密信息内容进行内容过滤、精度降低等脱密处理。

(5)地图切片处理：制作地图瓦片，以提高地图响应速度。

(6)质量检查：对数据进行完整性、规范性、逻辑一致性等质量检查。

(7)地图审图：互联网地图在线应用需要经过地图内容审查。

仿真试卷四参考答案

第一题参考答案

1. 计算本项目所在测图区域高斯投影3°带的带号。

测区中心经纬度约为北纬31°04′04″，东经112°12′15″；

3°带第 n 带的中央子午线的经度 L_{n0} 与带号 n 的关系为 $L_{n0}=3°\times n$；

经度 L 点所在的3°带的带号为：

$$n=[(L-1.5°)/3°]\ (进位取整),$$

所以，本项目所在测图区域高斯投影3°带的带号为：

$$n=(112.2°-1.5°)/3°=37。$$

2. 简述图根点测量的常用方法及其作业流程。

图根点常用的测量方法主要有全站仪图根导线或利用GNSS-RTK确定图根点坐标。

(1)图根导线的作业流程：收集测区的控制点资料→野外踏勘、布点→导线测量→平差计算。

(2)GNSS-RTK确定图根点坐标的作业流程：收集测区的控制点资料→求定转换参数→野外踏勘、布点→架设基准站→流动站测量图根点坐标。

3. 试检验水准测量成果是否合格，如合格，计算并调整高差闭合差，最后推算各未知点的高程。

该水准路线成果合格，计算过程如下：

(1) $f_h=h_1+h_2+h_3+h_4-(H_2-H_1)=-0.026\ \text{m}$

$$f_{h允}=12\sqrt{11.4}=\pm 40\ \text{mm}$$

所以，

$$f_h<f_{h允}$$

该水准路线测绘成果合格。

(2) $V_i=-f_h/\sum L_i\times L_i$；

$V_1=4\ \text{mm}$；$V_2=7\ \text{mm}$；$V_3=4\ \text{mm}$；$V_4=11\ \text{mm}$。

$h_{i改}=h_i+V_i$；$h_{1改}=-1.261\ \text{m}$；

$h_{2改}=2.485\ \text{m}$；$h_{3改}=1.161\ \text{m}$；$h_{4改}=-4.601\ \text{m}$；

$H_{p1}=H_1+h_{1改}=13.769\ \text{m}$；

同理，

$$H_{p2}=16.254\ \text{m},\ H_{p3}=17.415\ \text{m}。$$

4. 测绘成果检查验收的抽样比例是否符合要求？说明理由。

测区面积为 10.0 km^2，比例尺为 1∶500，按 50 cm×50 cm 标准分幅，一幅图的实地面积为 0.062 5 km^2，所以共有 160 幅图。

根据《测绘成果质量检查与验收》(GB/T 24356—2023)规定，区间在［141，160］需要抽样检查 13 幅图，省质检站抽样 12 幅不符合要求。

第二题参考答案

1. 计算该栋房屋的总建筑面积。

一至七层的面积为

$$10\times10+5\times1.8+4.86=113.86\ \text{m}^2;$$

夹层面积为

$$113.86-5\times2.6=100.86\ \text{m}^2;$$

最后得总建筑面积为

$$113.86\times7+100.86=897.88\ \text{m}^2。$$

2. 某套房屋独立测算两次，建筑面积分别为 100.25 m^2 和 99.75 m^2，问该套房屋建筑面积为多少？精度是否符合要求。

限差

$$0.04\times\sqrt{100}+0.002\times100=0.6\ \text{m}^2;$$

两次测算之差

$$100.25-99.75=0.5\ \text{m}^2;$$

小于限差，精度符合要求，取两次测算结果的中数作为最后结果，即

$$(100.25+99.75)/2=100\ \text{m}^2。$$

3. 按照《房产测量规范》，对面积测算成果资料进行检查与验收时，要检查、验收的项目及内容主要有哪些？

对面积测算成果资料进行检查与验收时，要检查、验收的项目及内容主要有：

(1)房产面积的计算方法是否正确，精度是否符合要求。

(2)用地面积的测算是否正确，精度是否符合要求。

(3)共有与共用面积的测定和分摊计算是否合理。

第三题参考答案

1. 此次摄影获取的影像用于制作成图比例尺为 1∶2 000 的数字产品(DEM、DLG、DOM)，要求航空影像的地面分辨率(GSD)为 20 cm，如何计算飞行航高 h？

根据题意，飞行航高计算如下：

摄影比例尺

$$\frac{1}{m}=\frac{\text{摄影机主距}\,f}{\text{相对航高}\,h}=\frac{\text{像元尺寸}\,a}{\text{地面分辨率 GSD}}$$

所以，飞行航高

$$h=\frac{f\times \text{GSD}}{a}=\frac{50\times10^{-3}\times20\times10^{-2}}{9\times10^{-6}}=1\ 111.11\ \text{m}。$$

2. 数码航测内业影像数据处理包括哪些内容？

影像数据处理包括：

(1)原始影像航摄漏洞检查，即使用航摄漏洞检查软件对航摄飞行影像数据进行航摄空白区漏洞检查，通过检查，在测区及时决定是否进行航摄补拍；

(2)单面阵影像畸变纠正处理，即使用纠正软件对原始航摄影像进行处理，通过处理以消除影像的畸变差和主点偏移量。

(3)影像匀光匀色处理，即使用专门软件，对数字图像进行图像处理，通过处理以消除成像条件(天气、光照、硬件)对数字影像的各类影响。

(4)虚拟影像生产，即使用虚拟影像生成软件对经过步骤(2)(3)处理后的影像进行处理，主要包括纠正伪水平影像、影像子像元相关、求解双影像相对姿态、虚拟影像生成等步骤。

3. GPS 辅助空中三角测量内业加密点选点有哪些要求？

GPS 辅助空中三角测量内业加密点选点要求如下：

(1)加密本身需要的连接点位置应尽量选在如图 4-3 所示的 1、3、5、2、4、6 六个标准点位附近。1、2 点选在距离像主点 1 cm 范围内的明显点上，个别选点困难时，亦应在 1.5 cm 的范围内选点。3、4、5、6 一般情况下应与测图定向、隔片纠正点一致，其离方位线的距离应大致相等且大于 3.5 cm(像幅为 18 cm×18 cm)和 5 cm(像幅为 23 cm×23 cm)。当标准点位的选点目标不适合时，应适当增加连接点的数量，提高连接强度。

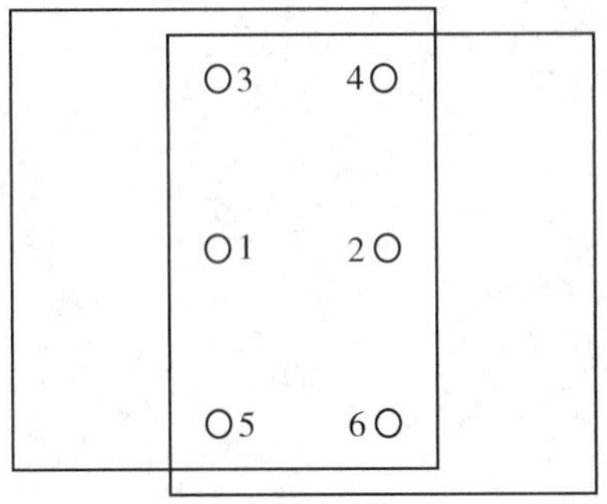

图 4-3

(2)当旁向重叠度过大，连接点距离方位线小于上述规定时，应分别选点；当旁向重叠度过小，在重叠中线处选点难以保证量测精度时，亦应分别选点，但其两点至旁向重叠中线垂足之

和不应大于 1.5 cm。

(3)点位距离像片各类标志要大于 1 mm，点位距离像片边缘不得小于 1 cm(像幅为 18 cm×18 cm)和 1.5 cm(像幅为 23 cm×23 cm)。

(4)平地纠正点尽量避免选在土堤、洼地、房顶等不能代表一般地面高程的目标上。

(5)选点目标在本片和邻片上都应位于影像清晰、明显，易于转刺和量测的地形点上，所选点位构成的图形应大致呈矩形，点位高差相差不宜过大，并应照顾调绘面积，加密点连线到调绘范围线的距离，不大于像片上 1 cm。

(6)林区应尽量选在林间空地的明显点上，如选不出，可选在相邻航线、左右立体像对都清晰的树顶上。

(7)沿河道、山谷布设的航线应注意标准点之间的高差，以免出现相对定向的不定性。在平坦地急剧转为山地、高山地处，在地形变换处，每个像对需增加 1~2 个地形特征点，在较大面积的江河、湖泊、水库地段，图版上每隔 10~15 cm 应选刺水位点，以备水系平差时使用。

(8)自由边处应考虑像对测绘面积把点选在图廓线外。

4. 本次项目航摄成图提交的资料是否完整，若不完整，还需要补充哪些资料？

提交资料不完整，应补充提交的资料有：

①数码航空摄影技术设计书；②航空摄影飞行记录；③机载 GPS 天线偏心分量测定表；④航摄飞行 DGPS 记录单；⑤基准站 GPS 点之记、观测手簿；⑥刺点 GPS 点之记、观测手簿；⑦GPS 辅助航空摄影地面测量技术总结报告；⑧机载 GPS 数据处理报告；⑨机载 GPS 记录数据；⑩摄站 EVENT MARK 信息表；⑪基准站 GPS 观测数据及坐标成果；⑫摄站坐标成果；⑬其他相关数据成果表。

第四题参考答案

1. 简述市政管理专题要素更新的步骤和技术方法。

市政管理专题要素更新的步骤和技术方法如下：

(1)对收集各项数据进行坐标转换处理，全部数据统一到 2000 国家大地坐标系上。

(2)采用 2017 年 1∶2 000 地形图作为基础底图数据，用 2018 年市政专题空间数据作为专题要素基础数据。

(3)利用垃圾转运站、公共厕所的表格形式数据入库，对垃圾转运站、公共厕所数据进行更新。

(4)其他新增专题要素以及 2019 年以后新增的垃圾转运站、公共厕所，需要外业调绘、补测采集数据进行更新。

2. 简述市政管理专题要素与最近的兴趣点进行关联和属性转存的步骤和技术方法。

市政管理专题要素与最近的兴趣点进行关联和属性转存的方法及过程具体如下：

(1)将 2019 年导航电子地图数据中的道路网和兴趣点信息坐标转换至 2000 国家大地坐标系；

(2)对兴趣点信息进行提取，形成一个数据层；

(3)对各专题要素层和兴趣点层进行检查、编辑，确定有唯一值字段；

(4)在专题要素层建立市政要素属性字段；

(5)将专题要素与最近的兴趣点进行空间链接，每个要素点都有最近的兴趣点与之匹配；

(6)根据匹配将兴趣点名称字段赋予新建的市政要素属性字段中，使得市政要素属性字段值等于兴趣点名称。

3. 简述采用空间分析方法统计某兴趣点周边 360 m 范围内各种类型的市政要素数量的过程。

采用空间分析方法统计某兴趣点周边 360 m 范围内各种类型的市政要素数量的过程：

(1)选择待分析的某兴趣点；

(2)以该点为圆心，360 m 为半径，建立一个缓冲圆范围，进行缓冲区分析；

(3)将缓冲区(圆)与市政要素图层进行叠置分析；

(4)统计缓冲区范围内的各要素层中市政要素数据量。

第五题参考答案

1. 说明施工单位进行地面控制测量前应做的测量内容及方法。

施工单位进行地面控制测量前应做的测量内容及方法如下：

(1)利用已知的 2 个三角点，1 个高等级水准点对 2 个线路首级控制网点进行检核。

(2)平面检核：按照 C 级 GNSS 观测纲要，使用 4 台 GNSS 接收机对 2 个三角点、2 个线路首级控制网点进行同步观测，检验线路首级控制网点平面坐标。

(3)高程检核：由已知高等级水准点起，经过 2 个线路首级控制网点，再闭合到高等级水准点，组成闭合水准环线，检验 2 个线路首级控制网点高程。检测合格后可利用 2 个线路首级控制点进行地面控制测量。

2. 说明洞外控制测量对控制点施测的主要技术要求。

洞外控制测量主要包括洞外平面控制测量和洞外高程控制测量。

(1)平面控制测量：

①进洞口处的施工主控制点、主方向控制点、出洞口处的施工主控制点、主方向控制点、2 个线路首级控制网点处各放一台 GNSS 接收机，一共 6 台；组成 GNSS 观测网，进行同步静态观测，观测参数包括：观测时段 2，时段长度 4 h，采样间隔 10 s，卫星截止高度角 15°。

②进洞口处的另外 2 个施工方向控制点、出洞口处的另外 2 个施工方向控制点、2 个线路首级控制网点处各放一台 GNSS 接收机，共 6 台；组成 GNSS 观测网，进行同步静态观测，观测参数包括：观测时段 2，时段长度 4 h，采样间隔 10 s，卫星截止高度角 15°。

③观测完后进行整体网平差。

(2)洞外高程控制测量：

从线路首级控制网1个点开始，经进洞口处的施工主控制点、出洞口处的施工主控制点到线路首级控制网另一个点，组成附合水准线路。使用数字水准仪按照二等水准观测纲要进行观测与解算。

3. 进行洞内控制测量，布设主、副导线应注意哪些方面？

洞内控制测量，布设主、副导线，用于隧道贯通测量和施工放样时，其洞内导线应满足：

(1)主、副导线以洞口投点(插点)为起始点，沿隧道两侧布设成直伸的长边导线，随着隧道的开挖逐渐向前延伸。

(2)导线的边长宜近似相等，尽量避免长短边相接，直线段不宜短于200 m，曲线段不宜短于70 cm，尽量布设在施工干扰小，通视条件良好且稳固的安全地段，导线边距离洞内设施不小于0. 2 m。

(3)主、副导线每隔2~3条边组成一个闭合环，并进行平差计算，以便求出导线点的新坐标值。

(4)当隧道掘进至导线设计边长的2~3倍时，应进行一次导线延伸测量。在进行导线延伸测量时，应对以前的导线点做检核测量。在直线段，只做角度检核，在曲线地段，还要同时做边长检核测量。

(5)在进行角度观测时，应尽可能减小仪器对中和目标对中误差的影响。

(6)对于长距离隧道，可加测一定数量的陀螺经纬仪定向边。

(7)当隧道封闭采用气压施工时，对观测距离必须做相应的气压改正。

(8)洞内导线点的埋设：洞内导线点采用地下挖坑，然后浇灌混凝土并埋入铁制标心的方法，标石顶面埋在坑道底面以下10~20 cm处，上面盖上铁板或厚木板，导线点兼作高程点使用时，标心顶面应高出桩面5 mm。

第六题参考答案

1. 本项目中，为检查等高线的作业质量而布设了部分检查点，检查点附近地面倾斜角为45°，当在实地不能直接找到衡量其高程精度的相应位置时，如何计算等高线的高程中误差？

先计算实地地物点平面位置中误差，为

$$0.8\ \text{mm}\times 2\,000/1\,000=1.6\ \text{m},$$

误差为

$$1.2+0.8\times\tan 45^\circ\times 2\,000/1\,000=1.2+1.6=2.8\ \text{m}。$$

2. 当新测的地形图与已成图或出版图接边时，对于公共点接边较差如何确定？

与已成图或出版图接边，当较差小于规定限差1/2时，以已成图和出版图为准；当较差大于规定限差的1/2且小于规定限差时，应取中数作为最后使用值。超过限差时，应认真检查原因，确认已成图或出版图错误，可使用正确的单值，并在图历表内注明备案。

3. 简述本项目立体测图的工作流程(绘流程图)。

立体测图工作流程如图4-5所示：

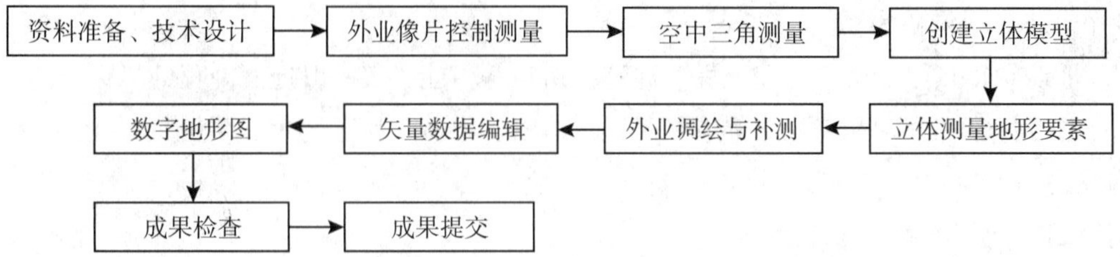

图4-5

4. 该项目立体测图数据成果检查内容是否全面？若不全面，请予以补充。

该项目立体测图数据成果检查内容不全面，还应进行如下内容检查：

(1)空间参照系的检查；

(2)完整性检查；

(3)表征质量检查。

第七题参考答案

1. 简述数码航摄仪、POS、机载激光雷达(LiDAR)集成方式航空摄影中，各部分的作用及所获取数据的主要用途。

(1)集成航摄系统中，数码航摄仪获取满足航摄规范要求的影像数据，用于DOM、DEM、DLG的生产；

(2)POS获取摄影中心的坐标和航摄像片的姿态，用于确定航摄像片的外方位元素，解析空中三角测量进行联合平差处理，提高精度和减少野外控制点；

(3)LiDAR获取地面点云数据(高程点)，用于DEM生产。

2. 结合项目，利用框图表示DEM、DOM的生产流程。

(1)该项目生产DEM的技术流程如图4-6所示。

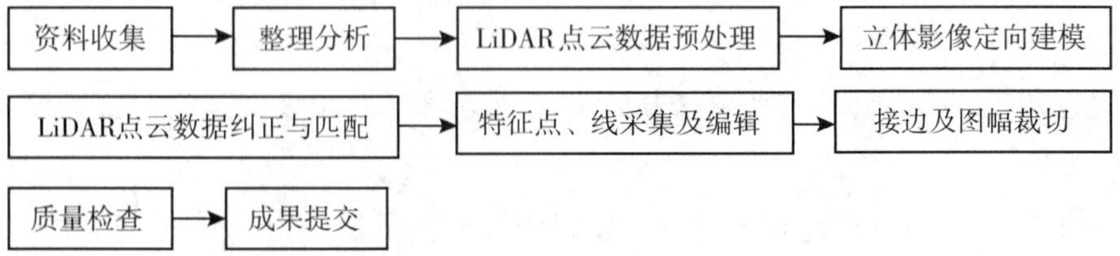

图4-6

(2)该项目生产DOM的技术流程如图4-7所示。

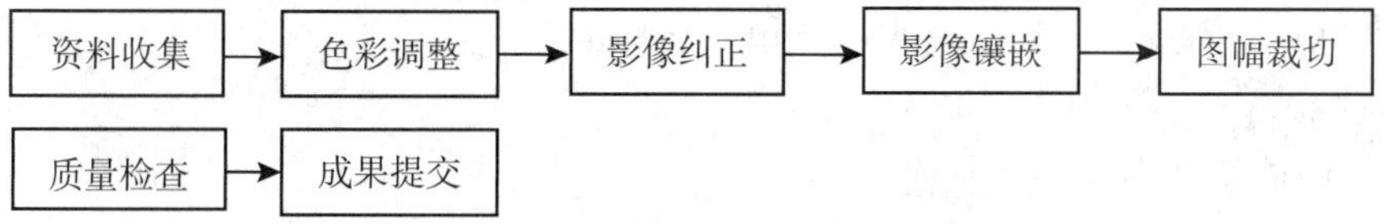

图 4-7

3. 在“先内后外”作业过程中，外业调绘与补测的内容有哪些？针对水滨和岛屿地区，应如何全野外布设控制点？

(1)外业调绘的内容有：独立地物、居民地、道路及其附属设施、管线、境界、水系、地貌和植被，以及地理名称的调查和注记等；

(2)补测的内容主要是新增地物，若地貌发生变化，一般在变化处注记比高；

(3)水滨和岛屿地区，按全野外布点，以最大限度地控制测绘面积为原则。超过控制点连线 1 cm 以外的陆地部分应加测平高点，困难时刻改为高程点。用航测方法难以保证精度的地方，采用全站仪测图方法进行补测。

4. 该项目 DLG 生产需要提交的成果是否全面？若不全面，请予以补全。

该项目 DLG 生产需要提交的成果资料不全面，还需要提交：①DLG 数据文件结合表；②元数据文件；③质量检查记录。

第八题参考答案

1. 分析挂图应选择的投影方式并说明理由。

该省位于中纬度地区，全境位于北纬 20°09′—25°31′和东经 109°45′—117°20′之间，是一个东西方向长的矩形制图区域，且位于中纬度地区，选择正轴圆锥投影最合适。选择这样的地图投影，使整个制图区域地图图形要素变形都很小，精度非常高，能满足编制该省域挂图的要求。

如果采用方位投影，该制图区域东西方向两边缘地区地图图形要素变形很大，因此方位投影不适宜该省挂图的绘制，而是适宜于具有圆形轮廓的地区。

墨卡托投影，是正轴等角圆柱投影，如果在该制图区采用，整个制图区的地图图形要素变形都很大。因此墨卡托投影不适合该省挂图的制图区域。

2. 说明在编制该挂图的过程中制图资料的选择及用途。

(1)2015 年底更新完成的 1：100 万该省全要素地形图数据 DLG，比例尺 1：100 万与挂图比例尺 1：150 万非常接近，地图缩编工作量小，地图要素齐全，完全能满足编制挂图的需要，可作为编制挂图的基本资料数据。

(2)2017 年 1：25 万××省公众版数字地图，可作为挂图各要素更新补充资料数据。

(3)《1：100 万省级界线画法标准样图》可作为省界绘制更新补充资料数据。

(4)标有 2015 年市、县界线的 1：25 万 DRG 可作为市、县的界线绘制更新补充资料数据。

(5)1：50 万《××省地图》(2010 年版)，可作为地图各要素制图综合的参考资料。

(6)《××省行政区划图》(2016 年版)和近期政区、地名变更资料，作为境界线、居民地行政等级及名称等更新的补充资料。

(7)2016 年初出版的 1：50 万《××省交通旅游图》，可作为道路要素和旅游景点更新的参考资料。

(8)《××省山脉资料图》和《××省水系资料图》，可作为确定山脉等级、山脉名称、山峰名称、河流湖泊沟渠等级、河流湖泊沟渠名称的参考资料。

3. 简述居民地要素选取的方法。

挂图中居民地的选取方法如下：

(1)选取乡镇(含)以上全部居民地。

(2)行政村居民地尽量选取，在居民地稠密区适当舍弃。

(3)其他居民地依据居民地密度按由主到次、逐渐加密的原则进行选取，保持制图区居民地密度对比。应先选取农场、林场、渔场及位于道路交叉口、道路端点、通航起止点、河流交汇处、山隘、渡口、制高点、重要矿产资源地、文物古迹等以及有政治、经济、历史和文化意义的居民地。

(4)有重要意义和在人烟稀少地区的居民地一般应全部表示。

(5)正确处理居民点位置、行政等级、分布密度以及与道路、河流等其他要素的关系。能用外围轮廓图形表示的居民地，不能用圈形符号表示。

仿真试卷五参考答案

第一题参考答案

1. 在现场采集数据之前，需要进行哪些前期准备工作？为满足工程需要，应选用哪些设备？并写出观测方案。

(1)前期准备工作包括资料收集、现场勘察、选点埋石、方案设计。

①资料收集：设计单位提供了线路的首级控制网数据、测区周边国家高等级的三角点和水准点资料。

②现场勘察：对测区的人文风俗、自然地理条件、交通运输、气象情况等进行调查，同时现场勘察控制点的完好性和可用性。

③选点埋石：在进口、出口线路中线上布设至少 3 个定向点，进口、出口点与相应的定向点之间要通视；为了减小垂线偏差的影响，高差不要相差太大；因为有通视要求，洞口处 GPS 基线不可能很长，一般要求 300~500 m，若小于该值，应设强制对中装置，以减少照准与对中误差对短边测角精度的影响；按国家规范要求在所选点埋石。

④方案设计：根据现场勘察的情况和工程要求，编制观测方案，以确定所用设备、人员、观测方案、所需时间等。

(2)设备选择：双频 GPS 接收机 6 台套，数字水准仪 2 台套。

按 C 级 GPS 网观测的要求布设隧道的地面控制网，C 级 GPS 网观测要求：①卫星截止高度角为 15°；②同时观测有效卫星数≥4 颗；③有效观测：卫星总数≥6 颗；④观测时段数≥2；⑤时段长度≥4 h；⑥采样间隔为 10~30 s。

水准测量采用国家二等水准测量方法观测，视线长度≤50 m，前后视距差≤1 m，前后视距累计差≤3 m，视距高≤0.5 m，往返测量不符值计算的每千米偶然中误差应不大于±1.00 mm，用环闭合差计算的每千米全中误差不大于±2.0 mm。

2. 计算该 GPS 网的特征条件，判断：重复边 D016~D003 是否合格，第二时段的同步环是否合格？案例中以“＊”表示的 4 条边组成的闭合环是同步环还是异步环？

该 GPS 网特征条件计算如下：

(1)总基线数、必要基线数、独立基线数、多余基线数分别计算如下：

①总基线数：$J_{总}=C\times N\times(N-1)/2=3\times3\times2/2=9$；

②必要基线数：$J_{必}=n-1=4-1=3$；

③独立基线数：$J_{独}=C\times(N-1)=3\times(3-1)=6$；

④多余基线数：$J_{多}=C\times(N-1)-(n-1)=3$。

(2)重复边 D016~D003 是否合格：

①基线长度：

$$d_1=\sqrt{\Delta X^2+\Delta Y^2+\Delta Z^2}=\sqrt{2\ 723.669\ 4^2+2\ 928.914\ 4^2+(-2\ 338.036\ 8)^2}$$
$$=\sqrt{21\ 463\ 330.64}=4\ 632.853\ 4\ \text{m};$$

$$d_2=\sqrt{\Delta X^2+\Delta Y^2+\Delta Z^2}=\sqrt{2\ 723.666\ 8^2+2\ 928.923\ 0^2+(-2\ 338.045\ 0)^2}$$
$$=\sqrt{21\ 463\ 405.20}=4\ 632.861\ 4\ \text{m};$$

②计算同步边差值：

$$\Delta d=|d_1-d_2|=4\ 632.861\ 4-4\ 632.853\ 4=0.008\ 0\ \text{m}=8\ \text{mm};$$

③计算测边中误差：

基线平均边长

$$d=(d_1+d_2)/2=(4\ 632.853\ 4+4\ 632.861\ 4)/2=4\ 632.857\ 4\ \text{m};$$

计算测边中误差

$$\sigma=\sqrt{a^2+(b\times d)^2}=\sqrt{25+(5\times4.63)^2}=\sqrt{560.92}=23.68\ \text{mm};$$

判定是否合格，计算限差

$$\Delta d_{max}=2\sqrt{2}\sigma=2\sqrt{2}\times23.68=66.97\ \text{mm};$$

因为

$$\Delta d<\Delta d_{max}$$

所以，重复边 D016~D003 是合格的。

(3)以“＊”表示的 4 条边组成的闭合环是同步环还是异步环：

①同步环坐标分量的闭合差和环闭合差，即

$$W_x=\sum_{i=1}^{n}\Delta X_i=-2\ 006.529\ 9+2\ 723.666\ 8-717.138\ 7=-1.8\ \text{mm};$$

$$W_y=\sum_{i=1}^{n}\Delta Y_i=-1\ 737.218\ 1+2\ 928.923\ 0-1\ 191.698\ 0=6.9\ \text{mm};$$

$$W_z=\sum_{i=1}^{n}\Delta Z_i==1\ 024.381\ 2-2\ 338.045\ 0+1\ 313.672\ 4=8.6\ \text{mm}。$$

式中，ΔX_i、ΔY_i、ΔZ_i 为第 i 条基线向量的坐标差分量。

②计算测边中误差：

计算基线边长

$$d_1=\sqrt{\Delta X^2+\Delta Y^2+\Delta Z^2}=\sqrt{(-2\ 006.529\ 9)^2+(-1\ 737.218\ 1)^2+1\ 024.381\ 2^2}$$
$$=2\ 844.898\ 2\ \text{m};$$

$$d_2=\sqrt{\Delta X^2+\Delta Y^2+\Delta Z^2}=\sqrt{(-2\ 723.666\ 8)^2+(2\ 928.923\ 0)^2+(-2\ 338.045\ 0)^2}$$
$$=4\ 632.861\ 4\ \text{m};$$

$$d_3=\sqrt{\Delta X^2+\Delta Y^2+\Delta Z^2}=\sqrt{(717.138\ 7)^2+(1\ 191.698\ 0)^2+(-1\ 313.672\ 4)^2}$$

$=1\ 913.156\ 3$ m；

计算闭合环平均边长

$$D=\sum_{i=1}^{n}\frac{d_i}{n}=3\ 130.305\ 3\ \text{m};$$

计算测边中误差

$$\sigma=\sqrt{a^2+(b\times d)^2}=\sqrt{25+(5\times 3.13)^2}=\sqrt{269.92}=16.429\ \text{mm};$$

计算闭合差限差

$$W_{x限}=\frac{\sqrt{n}}{5}\sigma=5.69\ \text{mm},\ W_{y限}=\frac{\sqrt{n}}{5}\sigma=5.69\ \text{mm},\ W_{z限}=\frac{\sqrt{n}}{5}\sigma=5.69\ \text{mm};$$

$$W_{C限}=\frac{\sqrt{3n}}{5}\sigma=\frac{\sqrt{3\times 3}}{5}\sigma=9.86\ \text{mm};$$

判定是否合格

$$W_X\leqslant W_{X限},\ W_Y\leqslant W_{Y限},\ W_Z\leqslant W_{Z限},\ W_C\leqslant W_{C限},$$

但实际上

$$W_X<W_{X限},\ W_Y>W_{Y限},\ W_Z>W_{Z限},\ W_C>W_{C限},$$

所以该同步环不合格。

表中以“＊”表示的四条边组成的闭合环是异步环。

3. 本项目中，抵偿坐标系的投影面应如何选择？最终提交的成果有哪些？

东部进口处最低高程为 300 m，西部出口处最高高程为 700 m；所以抵偿投影面采用平均高程 500 m。应提交的成果包括：①技术设计书；②仪器检验校正资料；③控制测量外业资料；④控制测量计算及成果资料；⑤所有测量成果及图件电子文件。

第二题参考答案

1. 简述一般的建筑沉降观测点位宜选在哪些位置，并对本项目该建筑进行最优观测点布设。

(1)一般建筑沉降观测点位宜选在：

①建筑的四角、核心筒四角、大转角处及沿外墙每 10~20 m 处或每 2~3 根柱基上；

②高低层建筑、新旧建筑、纵横墙等交接处的两侧；

③建筑裂缝、后浇带、沉降缝两侧、基础埋深相差悬殊处、人工地基与天然地基接壤处、不同结构的分界处及填挖方分界处；

④对于宽度大于等于 15 m 或小于 15 m 而复查以及膨胀土区域的建筑，应在承重内隔墙中部设内墙点，并在室内地面中心及四周设地面点；

⑤临近堆置重物处、受震动有显著影响的部位及基础下的暗沟处；

⑥框架结构的每个或部分柱基上或沿纵横轴线上；

⑦筏形基础、箱形基础底板或接近基础的结构部分之四角处及其中部位置；

⑧重型设备基础和动力设备基础的四角、基础形式或埋深改变处以及地质条件变化处两侧；

⑨对于电视塔、烟囱、水塔、油罐、炼油塔、高炉等高耸建筑，应设在沿周边与基础轴线相交的对称轴上，点数不少于 4 个。

(2)本项目共布设 10 个观测点，布点方案点位如图 5-6 所示。

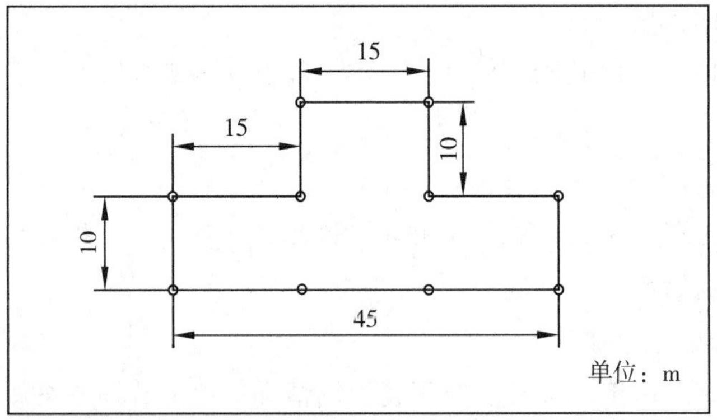

图 5-6

2. 试计算该项目水准路线的最大闭合差及最弱点高程中误差(相对于 BM1 点)。(保留一位小数)

计算过程如下：

最大闭合差

$$1.0\sqrt{n}=\sqrt{22}=4.7\ \text{mm}。$$

水准路线最弱点高程中误差在路线的最中部，且其中误差为线路闭合差的二分之一或线路最大闭合差的四分之一，因此，

$$M=0.5\times\sqrt{22}/2=1.2\ \text{mm}。$$

3. 该作业单位的生产作业过程是否有不妥之处？如存在，请说明。

该作业过程存在不妥之处，建筑变形观测初始数据应连续两次独立观测，并取观测结果中数作为变形测量初始值。

4. 本项目作业单位应提交的资料是否完整？若不完整，请补充。

本项目作业单位应提交的资料不完整，还需要提交沉降观测成果表、时间-载荷-沉降量曲线图。

第三题参考答案

1. 施工测量前准备工作具体包括哪些？

需要准备的工作包括：

(1)熟悉设计图纸。

①总平面图，是施工测量的总体依据，建筑物就是根据总平面图上所给的尺寸关系进行定位的。

②建筑平面图，给出建筑物各定位轴线间的尺寸关系及室内地坪标高等。

③基础平面图，给出基础轴线间的尺寸关系和编号。

④基础详图(即基础大样图)，给出基础设计宽度、形式、设计标高及基础边线与轴线的尺寸关系，是基础施工的依据。

⑤立面图和剖面图，给出基础、地坪、门窗、楼板、屋架和屋面等设计高程，是高程测设的主要依据。

(2)现场踏勘。

目的是为了解施工现场周围地物以及测量控制点的分布情况，并对测量控制点的点位进行检核，以取得正确的起始数据。

(3)拟订放样方案，绘制放样略图。

根据总平面图给定的建筑物位置以及现场控制情况，拟定放样方案、绘制放样略图。在略图上标出建筑物轴线间的主要尺寸以及有关的放样数据，供现场放样时使用。

2. 本工程±0.000 所对应的绝对高程为 201.800 0 m，在±0 的基础上可以用钢尺放出每层的高度。若已知水准点 A 的高程 $H_A = 24.376$ m，要测设某设计地坪标高 $H_B = 25.000$ m，简述具体测设步骤。

测设过程如下：

(1)在 A、B 间安置水准仪，在 A 竖水准尺，在 B 处设木桩；

(2)对水准尺 A 读数，设 $a = 1.534$ m，则

水平视线高

$$H_i = H_A + a = 24.376 + 1.534 = 25.910 \text{ m};$$

B 点应读数

$$b = H_i - H_B = 25.910 - 25.000 = 0.910 \text{ m}。$$

(3)调整 B 尺高度至 $b = 0.910$ 时，沿尺底做标记即设计标高 H_B。

3. 为了控制基槽开挖深度，在即将挖到槽底设计标高时，如何使用水准仪，才能使开挖深度不超过槽底的设计位置？

按图 5-3 中所列数据，在槽壁测设出的水平桩标高为－1.200 m，自水平桩面向下量取 0.500 m即为槽底的设计位置。

第四题参考答案

1. 简述该项目图根控制测量的作业流程。

采用 GNSS-RTK 进行图根控制测量，其作业流程主要有：

(1)收集测区的控制点资料；

(2)求定测区转换参数；

(3)野外踏勘、布点；

(4)架设基准站；

(5)流动站测量图根点坐标。

2. A 单元哪些建筑物是可以分摊面积的？

A 单元属于可以分摊的共有建筑包括：

外墙、电梯、楼梯、大厅、合用前室、管道井(包括水井、电井)、公用通道、值班室、共有阳台、屋顶层设备用房。

3. 计算 16 层共有建筑面积和分摊系数，计算四户的室套内建筑面积和产权面积。

(1)16 层共有建筑面积：

共有建筑面积=建筑面积-套内建筑面积

$$642.42 \text{ m}^2 - 516.26 \text{ m}^2 = 126.16 \text{ m}^2。$$

(2)16 层分摊系数：

共有建筑面积分摊系数=共有建筑面积÷套内建筑面积

$$126.16 \div 516.26 = 0.244\ 373。$$

(3)16 层每户的套内建筑面积：

套内建筑面积=套内使用面积+套内墙体面积+阳台建筑面积

$$516.26/4 = 129.07 \text{ m}^2。$$

(4)16 层每户的套内产权面积：

每户的公摊面积：$129.07 \times 0.244\ 373 = 31.54$ m^2。

每户的套内产权面积：$129.07 + 31.54 = 160.61$ m^2。

第五题参考答案

1. 用框图的形式表示本项目生成 1：2 000 地形图的进度流程。

生成 1：2 000 地形图的进度流程如图 5-7 所示。

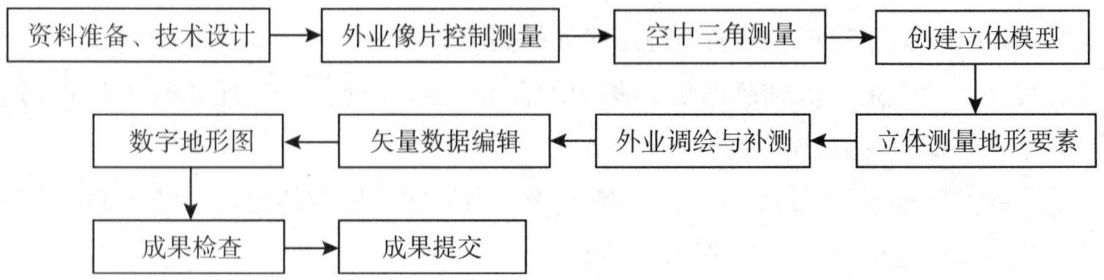

图 5-7

2. 以框图的形式表示本项目航测法作业流程。

航测法作业流程如图 5-8 所示。

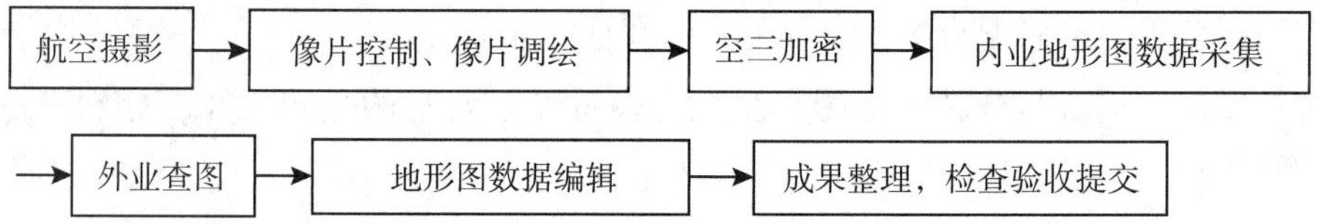

图 5-8

3. 简述像控点应满足的基本要求。

像控点的基本要求如下：

(1)像片控制点的目标影像应清晰易判别。航外像片控制点一般应设在航向及旁向 6 片重叠范围内，如果选点困难，也可以选在 5 片重叠范围内。而且同一控制点在每张像片上都能准确辨认、转刺和量测，符合刺点目标的要求及其他规定。

(2)航外像片控制点距像片边缘不小于 1~1.5 cm。对于数字影像或卫星影像控制点距像片边缘不小于 0.5 cm 即可。

(3)立体测图时每个像对 4 个基本定向点离通过像主点且垂直于方位线的直线不超过 1 cm，最大不超过 1.5 cm，4 个定向点的位置应近似成矩形。

(4)控制点应选在旁向中线附近。当旁向重叠过大时应分别布点；因旁向重叠较小使相邻航线的点不能公用时，可分别布点。

(5)位于不同方案布点区域间的控制点应确保精度高的布点方案能控制其相应面积，并尽量公用，否则按不同要求分别布点；位于自由图边、待成图边以及其他方法成图的图边控制点，一律布设在图廓线外。

4. 本项目采用 VirtuoZo3.6 数字摄影测量工作站进行数据采集。按全要素地形图测绘要求，采集过程中必须注意的要点有哪些？

按全要素地形图测绘要求，采集过程中必须注意的要点有：

(1)点状地物采集点应在地物的定位点上，偏差不超过图上 0.1 mm，线状地物采集线在地物的中心线，偏差不超过图上 0.1 mm。

(2)数据采集必须按内业立体模型定位，外业最终定性的原则进行采集。

(3)内业采集过程必须做到采集与编辑结合作业，使完成的采集成果除不能定性的因素外，应基本与该要素的最终表示效果一致，且最后与外业调绘成果进行核实。

(4)各类电力线、通信线杆准确采集杆位。采集依比例尺表示的地物时，应以测杆中心切准轮廓线或拐点连线；采集不依比例尺表示的地物时，应以测标中心切准基点、节点、定位线。对模型不清楚、无法准确定位的，不能采集。

(5)高程点图上均匀分布，应以能表示地形变化特征为主。

(6)各类符号如水井、坟地、独立坟、面状植被详细采集，坟地标注坟包个数。

(7)能够内业定性的要素必须使用相应的要素编码表示。

(8)山地可以由内业采集高程点和等高线，高程点应注意表示在地形特征变换处及地物特征

点处，等高线采集过程中，要对精度较差的部分进行及时修测或重新采集。像对间等高线高程接边差应小于 0.4 m。

(9)有方向的线状符号采集时，配置符号应在数字化方向的左侧。

第六题参考答案

1. 简述利用航空摄影像片生产 DEM 的流程。

利用航空摄影像片生产 DEM 的流程包括：资料准备及技术设计、外业像片控制测量、空中三角测量、定向建模、特征点线采集、构建 TIN 内插 DEM、DEM 数据接边、DEM 数据镶嵌与裁切、质量检查、数据整理与提交，或者用图 5-9 表示。

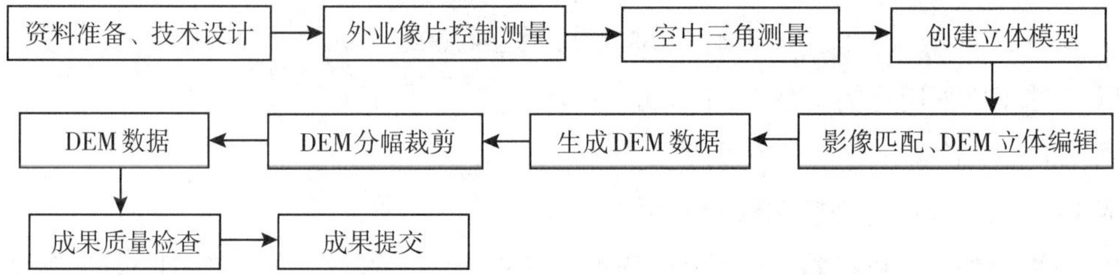

图 5-9

2. 对于区域内内陆湖泊和水库水域范围内的 DEM 高程值，应如何处理？

静止水域范围内的 DEM 高程值应一致，其高程值应取正常水位高程。流动水域内的 DEM 高程应自上而下平缓过渡，并与周围地形高程之间的关系正确合理。

3. 本案例中，对测区内单模型 DEM 数据应如何进行接边处理？

选取相邻模型所生成的 DEM 数据，检查接边重叠带内同名格网点的高程；若出现高程较差大于 2 倍 DEM 高程中误差的格网点，视为超限，将其认定为粗差点，并重建立体模型；并对出现粗差点的 DEM 数据进行接边修复后重新接边。

4. 本案例中，DEM 生产成果主要包括哪些内容？

DEM 生产成果主要包括 7 部分内容：

①DEM 数据文件；②原始特征点、线数据文件；③元数据文件；④DEM 数据文件接合表；⑤质量检查记录；⑥质量检查(验收)报告；⑦技术总结报告。

第七题参考答案

1.《产量图》宜采用多大的比例尺？采用横版还是竖版？简述理由。

用平面图形实地大小和相应的图幅尺寸分别相比，将数值较大的数取整，便得到地图比例

尺分母。

某省平面图形长：

725 km = 725 000 000 mm

实地图形长与图幅尺寸长相比：

725 000 000÷510 = 1 421 568.628

某省平面图形宽：

462 km = 462 000 000 mm

实地图形宽与图幅尺寸宽相比：

462 000 000÷360 = 1 283 333.333

因为

1 421 568.628>1 283 333.333

又因为

1 421 568.628≈1 500 000

所以《产量图》采用比例尺是 1∶150 万。

按照实地图形长宽比，应采用横版。

2. 简述《产量图》的地理底图编制方法。

地理底图是转绘专题要素内容的定位依据，并提供说明专题要素与周围地理环境之间的联系。一般来说，统计地图底图内容应少一些。地理底图内容的选取，既要明确其空间分布位置，又要考虑到地图的易读性；底图内容太少时，不能充分表示专题要素和地理环境的关系，如果底图内容太多，则会干扰地图主题内容，影响地图主题信息的感受效果。

(1)水系要素的编制：

河流≥8 mm 选取，主流加注记，要正确反映河流的主支流关系。水库重点表示大型水库，用平面图形加注记表示；其他水库水域面积≥8 mm^2。

(2)居民地的编制：

只表示县级以上的大居民地，省、市、县政府驻地用符号和注记表示。

(3)道路网的编制：

铁路、高速公路全部表示，主要公路只选连贯性比较好的表示，其他道路不表示。

(4)境界线的编制：

因为以县为统计单元表示水稻产量。只表示省界、地市界、县界；境界线的等级用线划的粗细和形状来区分。

3. 简述《产量图》专题要素的设计与编制。

专题要素的资料是统计资料。从《产量图》的用途而言，主要帮助省一级领导和农业管理部门了解各区域的经济实力，作对比分析用。《产量图》从相对和绝对两方面描述各区域的经济状况。

用分级统计图法表示各县水稻的单产，用分区统计图表法表示各县水稻的总产。分级统计图法的分级颜色要设计合理，有等级感，过渡自然，单产高的地区颜色要浓、鲜艳，单产低的地区颜色要浅、淡。统计图表的形式新颖，以增加图面的生动性和活跃性。图表采用立体表示手法，利用光影效果，色彩混合过渡，如发光的圆柱、立体方柱。

分级统计图法最适合与分区统计图表法配合表示专题要素的分布规律，分别表示现象的平均水平和总量指标。

第八题参考答案

1. 本系统部署的基本单位及其构成是什么？

(1)本系统部署的基本单位是数据中心的基础单元，从而实现数据与功能的集中管理。

(2)一个数据中心基础单元主要由以下部分构成：功能仓库(集中管理功能中间件、流程库)，数据仓库(集中管理文件、数据库、空间数据库)，资源目录服务器，数据交换服务器，GIS 应用服务器，Web 服务器，负载均衡调度服务器，用户。

数据中心在局域网或专用网上的部署主要有集中式、分布式和混合式这 3 种模式。

2. 本系统部署模式主要分为哪几类？

本系统部署模式主要分为：

(1)集中式部署模式：在每一层资源管理部门或组织中建立多个完整的数据中心基础单元，层与层之间通过数据交换机制实现数据的更新。

(2)分布式部署模式：分布式数据中心是在资源管理或组织的基础层上，建立多个完整的数据中心基础单元，上层数据中心在逻辑上管理基础层的资源，实现分布式管理。

(3)混合式部署模式：它是结合集中式、分布式两种部署模式优点于一体的一种部署模式。上层在逻辑上管理下层数据资源、功能模块，在物理上管理下层汇集而来的数据，而下层独立管理自己的数据资源和功能模块。

3. 简述本系统集成的内容、方式、步骤以及遵循的标准和规范。

(1)本系统集成的内容主要有：

①数据集成，实现各子系统管理和访问空间及非空间数据全面的共享；

②功能集成，实现各子系统提供的专题功能仓库管理器的基础构件功能共享与集成管理；

③模型集成，实现对各子系统提供的专用模型和模型仓库管理器提供的基本模型的共享与集成管理；

④表示集成，主要为各子系统提供一个统一的表示形式和界面。

(2)本系统的集成方式分为：C/S 模式(即客户端与服务器端模式)的系统集成、B/S 模式(浏览器端与服务器端模式)的系统集成。

(3)本系统集成步骤为：

①需求分析阶段；②概要设计阶段；③详细设计阶段；④子系统的集成阶段；⑤集成测试；

⑥系统测试。

(4)系统集成遵循的标准和规范主要包括：

①元数据仓库规范；②目录规则驱动规范；③工作流应用规范；④插件和组件规范；⑤功能插件注册规范；⑥数据中心 URL 定义规范；⑦数据中心中间件规范。

仿真试卷六参考答案

第一题参考答案

1. 一、二等水准测量测段往返高差不符值超限，重测后成果应如何取舍？

(1)若重测的高差与同方向原测高差的不符值超过往返高差不符值的限差，但与另一单程高差的不符值不超过限差，则取重测结果。

(2)若同方向两高差的不符值未超过限差，且其中数与另一单程高差的不符值亦不超出限差，则取同方向两高差中数作为该单程的高差。

(3)若超限测段经过两次或多次重测后，出现同方向观测结果靠近而异向观测结果间不符值超限的分群现象时，如果同方向高差不符值小于限差的一半，则取原测的往返高差中数作为往测结果，取重测的往返高差中数作为返测结果。

2. 为什么精密水准测量采用“后—前—前—后”和“前—后—后—前”的顺序进行观测？一、二等水准观测过程中，i 角应如何进行检校？

(1)这种做法可以消除与空间和时间有关的误差，如前后视影响相同的误差、尺桩和脚架弹性效应随时间的位移、i 角因天气变化产生的改变、大气折射因空气梯度变化产生的改变等。能有效消除或减弱系统误差对结果的影响，特别是对呈线性变化的系统误差，效果明显。

(2)自动安平水准仪每天检校一次，气泡式水准仪每天上午和下午各检校一次，作业开始后7个工作日内，若 i 角较为稳定，以后每隔15天检校一次。数字水准仪，整个作业期间应在每天开机前进行 i 角测定，若开测为未结束测段，则在新测段开始前测定。

3. D级GPS网中有一条重复基线向量，其观测值分别为8 570.274 m、8 570.280 m、8 570.282 m、8 570.284 m 和 8 570.278 m。若接收机的标称精度为5 mm±1 ppm，通过计算说明该基线向量的观测值是否合格。

解法一：

①计算平差值：$d = \sum_{i=1}^{n=5} d_i/n = 8\,570.279\,6$ m；

②计算改正数：

$$\Delta d_1 = d_1 - d = 8\,570.274 - 8\,570.279\,6 = -5.6\ \text{mm};$$
$$\Delta d_2 = d_2 - d = 8\,570.280 - 8\,570.279\,6 = +0.4\ \text{mm};$$
$$\Delta d_3 = d_3 - d = 8\,570.282 - 8\,570.279\,6 = +2.4\ \text{mm};$$
$$\Delta d_4 = d_4 - d = 8\,570.284 - 8\,570.279\,6 = +4.4\ \text{mm};$$

$$\Delta d_5 = d_5 - d = 8\,570.278 - 8\,570.279\,6 = -1.6\text{ mm};$$

③计算平差值之中误差：

$$m_d = \pm\sqrt{\frac{\sum_{i=1}^{5}\Delta d_i^2}{n-1}} = \pm\sqrt{\frac{59.2}{5-1}} = \pm 14.8 = \pm 3.85\text{ mm};$$

④计算相对误差：

$$\frac{m_d}{d} = \frac{3.85}{8\,570\,279.6} = 0.45\text{ ppm}。$$

结果判别：因为 $0.45 \leqslant b = 1$ ppm，所以该重复基线合格。

解法二：

①基线的平均值 $\bar{d} = 8\,570.279\,6$ m；

②基线相邻点的中误差为 $\sigma = \sqrt{a^2 + (bd)^2} = 9.922$ mm；

③重复基线长度较差 $d < 2\sqrt{2}\sigma = 28.064$ mm；

④基线长度较差最大值 $\Delta d_{\max} = 8\,570.284 - 8\,570.274 = 0.01\text{ m} < 28.064$ mm，基线观测值合格。

第二题参考答案

1. 项目摄影基准面以及相对航高、绝对航高分别是多少？

摄影基准面：

$$h_{基} = \frac{h_{高平均} + h_{低平均}}{2} = \frac{198 + 32}{2} = 115\text{ m}$$

相对航高：

$$H_{相} = m \times f = 20\,000 \times 152.4 \times 0.001 = 3\,048\text{ m}$$

绝对航高：

$$H_{绝} = H_{相} + h_{基} = 3\,048 + 115 = 3\,163\text{ m}。$$

2. 摄区最高点和最低点的重叠度是多少？

(1)摄区最高点航向重叠度：

$$p'_x = p_x + \frac{(1-p_x)\times\Delta h}{H_{相}} = 0.65 + \frac{(1-0.65)\times(115-247)}{3\,048} = 63.5\%$$

(2)摄区最高点旁向重叠度：

$$q'_y = q_y + \frac{(1-p_x)\times\Delta h}{H_{相}} = 0.35 + \frac{(1-0.35)\times(115-247)}{3\,048} = 32.2\%$$

(3)摄区最低点航向重叠度：

$$p'_x = p_x + \frac{(1-q_x)\times\Delta h}{H_{相}} = 0.65 + \frac{(1-0.65)\times(115-23)}{3\,048} = 66.1\%$$

(4)摄区最低点旁向重叠度：

$$q'_y = q_y + \frac{(1-q_y)\times\Delta h}{H_{相}} = 0.35 + \frac{(1-0.35)\times(115-23)}{3\,048} = 37\%$$

3. 能够满足规范要求进行航空摄影所需的最少分区数是多少？

根据航摄分区原则，当航摄比例尺小于 1∶7 000 时，分区内的地形高差不应大于相对航高的 1/4；根据本项目情况，该摄区的高差为 224 m，小于相对航高 3 048 m 的 1/4，所以该摄区仅分一个分区便能满足规范要求。

4. 摄区航线条数和每条航线像片数分别是多少？

(1)基线长度：

$$B_x = L_x \times (1-p_x) \times m = 230 \times (1-0.65) \times 20 = 1\,610\text{ m}$$

(2)航线间隔：

$$D_y = L_y \times (1-q_x) \times m = 230 \times (1-0.35) \times 20 = 2\,990\text{ m}$$

(3)分区航线条数：

$$分区航线条数 = \frac{分区宽度}{D_y} = \frac{112\,000}{2\,990} = 38\,(条)$$

(4)每条航线像片数：

每条航线像片数=INT(每条航线长度/B_x)+2=INT(132 000/1 610)+2=84(张)

(5)分区像片数：

分区像片数=38×84=3 192(张)

第三题参考答案

1. 卫星影像数据与常规的航空影像数据有什么不同？

(1)卫星影像一般情况下至少包括 4~5 个波段，其中全色波段的分辨率大于多光谱波段。

(2)卫星影像是按景存储的，单景卫星影像的面积比单张航空像片大许多倍。大部分卫星影像没有立体像对。对于能够获取立体像对的卫星，其立体像对的获取可分为同轨立体和异轨立体两种情况。

(3)就目前的技术水平而言，虽然卫星影像的空间分辨率也能达到亚米级，但航空影像的空间分辨率普遍更高。

2. 用框图表示卫星影像进行 DOM 生产的流程，并简述每个环节的主要工作内容。

(1)DOM 生产流程用框图表示，如图 6-3 所示：

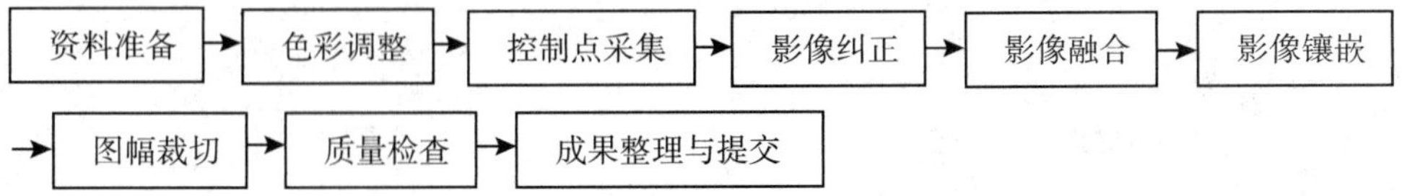

图 6-3

(2)各环节的主要工作内容：

①资料准备：原始卫星图像、上一年度 1∶2 000 数字正射影像图、DEM 成果、技术设计书等。

②色彩调整：影像匀光处理和影像匀色处理。

③控制点采集。

④影像纠正：IKONOS 卫星数据处理时必须采用针对 IKONOS 卫星数据处理的正射纠正模块，选择该模块并引入卫星参数文件以正确建立纠正转换模型。

⑤彩色影像融合：利用影像融合功能将表现真彩色的多光谱数据与全色数据融合就得到高分辨率真彩色遥感影像。

⑥彩色影像镶嵌：a. 按图幅范围选取需要进行镶嵌的数字正射影像；b. 在相邻正射影像之间，选绘、编辑镶嵌线；在选绘镶嵌线时须保证所镶嵌的地物影像完整；c. 按镶嵌线对所选的单片正射影像进行裁切，完成单片正射影像之间的镶嵌工作。

⑦图幅裁切。

⑧质量检查：数字正射影像图数据检查主要包括空间参考系、精度、影像质量、逻辑一致性和附件质量 5 个方面。

⑨成果整理与提交。

3. 基于卫星影像的 DOM 生产应提交的成果有哪些？

①DOM 数据文件；②DOM 定位文件；③元数据文件；④DOM 数据文件接合表；⑤质量检查记录；⑥质量检查(验收)报告；⑦技术总结报告。

第四题参考答案

1. 简述变更地籍调查需要收集的资料。

应收集的资料有：权属资料、控制点成果资料、地籍图、宗地图、地籍编号；界址编号及坐标成果表；其他相关资料。

2. 检查某城区开发项目用地的界址点 $J_1 \sim J_{21}$，求得界址点差的 x 平方和 Δ_x^2 为 125 cm，界址点差的 y 平方和 Δ_y^2 为 49 cm，求界址点点位中误差(保留 2 位小数)。

根据《数字测绘成果质量检查与验收》(GB/T 18316—2008)规定界址点检验须采用同精度检测，所以有：

(1)首先计算 m_x、m_y：

$$m_x = \pm\sqrt{\frac{[\Delta_x\Delta_x]}{2n}} = \sqrt{\frac{125}{2\times 21}} = 1.73\ \text{cm};$$

$$m_y = \pm\sqrt{\frac{[\Delta_y\Delta_y]}{2n}} = \sqrt{\frac{49}{2\times 21}} = 1.86\ \text{cm}。$$

(2)再计算界址点点位中误差：

$$m_s = \pm\sqrt{m_x^2 + m_y^2} = \pm\sqrt{2.99 + 1.17} \approx 2.04\ \text{cm}。$$

3. 简述界址调查的内容。

界址调查的内容有：

(1)界址的认定必须由本宗地及相邻宗地的使用者亲自到现场共同指界。

(2)单位使用的土地，须由法人代表出席指界，并出具身份证明和法人代表身份证明书；个人使用的土地，须由户主出席指界，并出具身份证明和户籍簿。法人代表或者户主不能出席指界的，由委托代理人指界，并出具身份证明及委托书。

(3)经双方认定的界址，必须由双方指界人在界址表上签字盖章。

(4)有争议的界址，调查现场不能处理时，按《中华人民共和国土地管理法》相关规定处理。

(5)所有界址点要按规定设置界标。

(6)一宗地有两个以上的土地使用者时，要查清各自使用部分和公共使用部分的界线。

第五题参考答案

1. 测深线布设原则是什么？

测深线布设原则为：

(1)主测深线方向应垂直等深线的总方向；对狭窄航道，测深线方向可与等深线呈 45°。

在下列情况下，布设测深线的要求为：

①沙嘴、岬角、石坡延伸处，一般应布设辐射线，如布设辐射线还难以查明其延伸范围时，则应适当布设平行其轮廓线的测深线；

②重要海区的礁石与小岛周围应布设螺旋形测深线；

③锯齿形海岸，测深线应与岸线总方向成 45°角；

④用于导航的叠标，一般应在叠标线上及其左右各布设一条测深线，间隔为图上 3~5 mm；

⑤应从码头壁外 1~2 m 开始，每隔图上 2 mm 平行码头壁布设 2~3 条测深线；

⑥在测深过程中，应根据海底地貌的实际情况，对计划测深线进行适当的调整；

⑦使用多波束测深仪时，测深线的布设宜平行于等深线的走向。

(2)测深线间隔的确定应顾及海区的重要性、海底地貌特征和水深等因素。原则上主测深线间隔为图上 1 cm。对于需要详细探测的重要海区和海底地貌复杂的海区，测深线间隔应适当缩小，或进行放大比例尺测量。螺旋形测深线间隔一般为图上 0.25 cm，辐射线的间隔最大为图上 1 cm，最小为 0.25 cm。

(3)检查线的方向应尽量与主测深线垂直，分布均匀，并要求布设在较平坦处，能普遍检查主测深线。检查线总长应不少于主测深线总长的 5%。

2. 在本项目中，经同步验潮资料分析，验潮站 1、2 之间最高潮差为 0.3 m，假设测区水深不大于 10 m，测深精度为±10 cm，请问 1、2 站间需要分带改正吗？若需要分带，应该分为几带？(2 个验潮站之间分带数，按照 $K = 2\times\Delta h/\sigma$ 计算)

相邻验潮站之间的距离应满足最大潮高差不大于 1 m，最大潮时差不大于 2 h，潮汐性质基本相同。依据本案例给出的资料，很显然 1、2 验潮站都不能控制全区的潮汐变化，在 1、2 验潮站之间需要进行分带改正。

分带数为

$$K=2\times0.3/0.1=6。$$

3. 如何根据这 3 个验潮站分别观测的潮位数据，获取测量水域测量船的瞬时水位？

(1)潮位观测。

①为了获得当地稳定的平均海平面，需要 1、2、3 站进行同步潮位观测，同步观测时间需要根据当地的潮汐特征、海平面的稳定性以及水下地形测量要求的精度决定。基本原则是时间越长越好，在满足上述原则的基础上，可根据工程时间，制定同步潮位观测时间；②潮汐测量间隔为 30 min 1 次。

(2)潮位站间潮汐的特征分析。

潮位站间潮汐的变化特征是平均海平面传递的前提，比较了 3 个站同步观测潮位，结果表明 3 站间潮汐传播从 1 站到 2 站然后到 3 站，1 站到 3 站间的潮时差小于 2 h，同步潮汐高差小于 1 m，可以用于平均海平面的传递。

(3)平均海平面的计算和传递。

①对各个站的潮汐观测数据进行粗差剔除、内插、合理化等预处理；

②C 站观测潮位时间为 13 年，利用 3 站的潮位观测资料，计算 3 站处的长期平均海平面；

③采用线性关系最小二乘拟合法来实现长期潮位站 3 站向 1 站和 2 站的传递。

(4)测区潮汐内插。

①利用经 3 站传递过来的长期平均海平面与 1、2 站水尺零点的关系，转换 1、2 站，原始潮位观测时序为基于当地平均海平面的潮位观测时序；

②根据潮波传播特点，采用时差法，计算出测量船处瞬时水位。

第六题参考答案

1. 本项目中该公司总共收费金额是多少？按照最新的《测绘资质分类分级标准》，该单位有没有违规承接业务，简述理由。

(1)项目收费：

占地面积

$$1\ 500\ 亩=1\ 500\times666\ m^2=999\ 000\ m^2；$$

1∶500 的图幅数

$$999\ 000/62\ 500=16\ 幅；$$

每幅图测绘费

$$19\ 156.78\times16=306\ 508\ 元=30.650\ 8\ 万元；$$

应收房产建筑面积测绘费

$$20\ 万\times1\ 元/m^2=20\ 万元；$$

总计收费

$$30.650\ 8\ 万元+20\ 万元=50.650\ 8\ 万元。$$

(2)没有违规承接业务。根据《测绘资质分类分级标准》，乙级测绘公司承接同一规划许可证的单个合同标的最大不得大于 10 万 m²，所以该项目不违规。

2. 某幢楼 1~5 层平面示意图如图 6-1、图 6-2 所示，其中一层为商业用房，北侧为全封闭阳台；2~5 层为住宅，南、北两侧为全封闭阳台。共有部分如图 6-1、图 6-2所示(各层 1/2 外墙由全楼共同分摊)。住宅和商业的分摊系数各是多少？

分摊计算过程如下：

每层外半墙：

外墙中线总长×墙体厚度/2+墙体厚度平方×(外墙凸角个数-外墙凹角个数)

$$119.96\times0.2+0.4\times0.4\times(10-6)=24.63\ m^2$$

(1)住宅功能分摊系数：

①住宅的分摊部分：

$$(13.85+1.92)\times3\times4=189.24\ m^2$$

②住宅的套内面积：

$$(69.01\times4+69.53\times2+5.1\times6+4.22\times6)\times4=471.02\times4=1\ 884.08\ m^2$$

③住宅独自分摊部分：

$$47.31\times4=189.24\ m^2$$

④住宅功能区面积：

$$471.02\times4+47.31\times4=2\ 073.32\ m^2$$

⑤住宅功能区分摊系数：

$$(138.32+189.24)/1\ 884.08=0.173\ 857$$

(2)商业功能分摊系数：

①商业的套内面积：

$$69.01\times4+69.53\times2+5.1\times6=445.70\ m^2$$

②商业的功能区面积：

$$445.70\ m^2$$

③整幢分摊部分：

$$24.63\times5+47.31=170.46\ m^2$$

④商业部分分摊：

$$445.70\times[170.46/(445.70+2\ 073.32)]=30.16\ m^2$$

⑤住宅部分分摊：

$$2\ 073.32\times[170.46/(445.70+2\ 073.32)]=140.30\ m^2$$

⑥商业功能区分摊系数：30.16/445.70=0.067 669。

第七题参考答案

1.《影像(丝绸)地图》宜采用多大的比例尺？采用什么版式(横竖版)？简述理由。

用平面图形实地大小和相应的图幅尺寸分别相比，将数值较大的数取整，便得地图比例尺分母。

某市平面图形长：

$$171\ \text{km}=171\ 000\ 000\ \text{mm}$$

实地图形长与图幅尺寸长相比：

$$171\ 000\ 000\div 1\ 092=156\ 593.407$$

某市平面图形宽：

$$116\ \text{km}=116\ 000\ 000\ \text{mm}$$

实地图形宽与图幅尺寸宽相比：

$$116\ 000\ 000\div 787=147\ 395.172$$

因为

$$156\ 593.407>147\ 395.172$$

又因为

$$156\ 593.407\approx 160\ 000$$

所以《影像(丝绸)地图》采用比例尺是 1∶16 万。

因为

南北方向长>东西方向宽

所以采用竖版版式。

2. 说明编制《影像(丝绸)地图》所采用的资料和用途。

(1)2019 年 12 月的分辨率 20 m 的全市彩色卫星影像数据，作为《影像(丝绸)地图》影像基础数据。

(2)2018 年的 1∶5 万某市数字地形图(DLG)，作为居民地、道路、水系和山峰等注记，道路、境界要素等基础数据；居民地、水系图形数据可以作为修饰影像数据的参考。

(3)2019 年 12 月 1∶20 万某市交通旅游图，作为更新道路、旅游景点参考资料。

(4)2020 年某市行政区划简册。更新某市行政区划界线、行政驻地居民地名称。

3. 简述影像数据处理的内容和方法。

数据的来源不同、影像采集时的条件不同，存在着色差，破坏其整体性，因而需要对影像数据上存在色差的地方进行匀色处理，使其与周围一致。

利用最先进的影像处理软件对影像数据进行加工处理，并对色彩进行统一调配、匀色，主区的影像颜色要明亮、鲜艳，这样矢量要素就突出、明显。对河流、湖泊和海洋等水域色调的处理，将水域设为蓝色，这种设色既能保留原来水面的质感，也能活跃和衬托图面效果。用 Photoshop 中的“笔工具”，通过描绘水域面的边界来选取相应的面状区域并进行设色，还可以利用 Photoshop 下的“魔棒工具”选取大面积水域并赋色，使其保持边线的柔和感。

原始数据影像的分辨率比较高，过高的影像分辨率使影像显得破碎而且占用存储空间，可以进行适当压缩，降低影像的分辨率。影像数据在保证印刷需要的分辨率的情况下，可进行压缩。

第八题参考答案

1. 结合空间数据库管理技术现状，设计针对本项目的数据库建库软件环境。

本项目的 DLG 数据库建设采用“关系数据库管理系统+空间数据引擎”的空间数据管理模式，“关系数据库管理系统”采用 Oracle 数据库，“空间数据引擎”采用 ArcSDE。因此建库软件环境采用 Oracle+ArcSDE，可以将空间数据加入关系数据库管理系统中，提供了对空间、非空间数据进行高效管理的数据库接口。

2. 简述 DLG 数据库系统结构中 C/S 结构和 B/S 结构各自负责的任务(功能)。

(1)C/S 结构部分是核心业务模块，负责数据入库检查、安全管理、视图管理、查询检索、元数据管理、数据输出、数据分析、专题图制作、数据库维护等模型。

(2)B/S 结构部分是负责系统的数据服务模块，用户可以通过浏览器浏览数据的一些基本情况，如数据类型、数据范围、元数据信息等，确定数据订单，并通过中心内网传递到数据库，产生数据服务请求信息；同时，用户可以通过浏览器查询订单的状态，如正在处理、已经处理完毕等。

3. 用框图描述 DLG 数据库建库流程。

DLG 数据库建库流程图如图 6-4 所示。

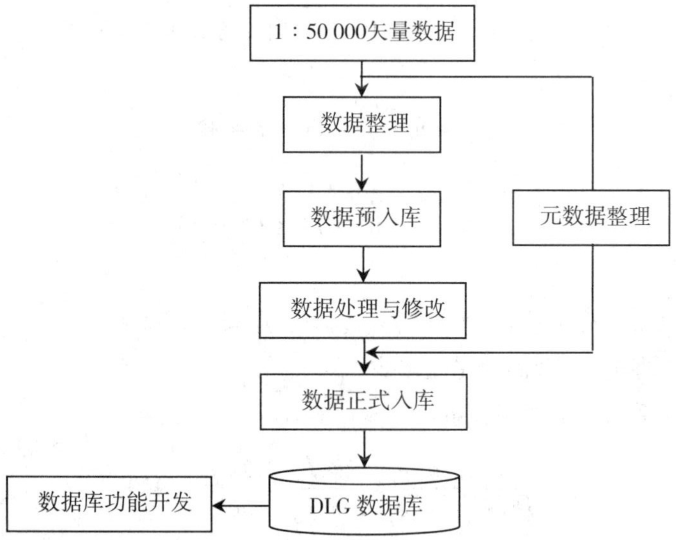

图 6-4

仿真试卷七参考答案

第一题参考答案

1. 计算该 GPS 网的特征条件。

按规范至少需要联测 3 个高等级 C 级控制点，故共需要观测 33 个 GPS 控制点。

(1)该 GPS 网总的观测时段数。

$C = n \times m/N = 33 \times 2/5 = 13.2$。式中，$C$ 为观测时段数；n 为网点数；m 为每点设站次数；N 为接收机台数。时段数不能小于 1，且不能小于计算的数字，故该 GPS 网的总观测时段数为 14 时段。

(2)一个时段的同步基线数和独立基线数。

一个时段的同步基线数：

$$J_{同} = N \times (N-1)/2 = 5 \times 4/2 = 10$$

一个时段的独立基线数：

$$J_{独} = N - 1 = 5 - 1 = 4$$

(3)该 GPS 网总基线数、必要基线数、独立基线数、多余基线数。

总基线数：

$$J_{总} = C \times N \times (N-1)/2 = 14 \times 5 \times 4/2 = 140$$

必要基线数：

$$J_{必} = n - 1 = 33 - 1 = 32$$

独立基线数：

$$J_{独} = C \times (N-1) = 14 \times (5-1) = 56$$

多余基线数：

$$J_{多} = C \times (N-1) - (n-1) = 56 - 32 = 24$$

(4)该 GPS 网的平均多余观测分量是多少？

该 GPS 观测网的平均多余观测分量：

$$r_a = \frac{多余观测数}{观测值总数} = \frac{3 \times J_{多}}{3 \times J_{独}} = \frac{24}{56} = 0.429。$$

2. 若接收机的标称精度为 5 mm±1 ppm，通过计算(给出必要公式)说明该异步环是否合格？(坐标单位：m)

(1)异步环坐标闭合差和环闭合差：

$$w_x = \sum_{i=1}^{n} \Delta X_i = -974.6340 + 2723.6694 - 717.1387 - 1031.8912$$
$$= +0.0055\ \text{m} = +5.5\ \text{mm};$$

$$w_y = \sum_{i=1}^{n} \Delta Y_i = -1945.8816 + 2928.9144 - 1191.6980 + 208.6638$$
$$= -0.0014\ \text{m} = -1.4\ \text{mm};$$

$$w_z = \sum_{i=1}^{n} \Delta Z_i = 2027.9065 - 2338.0368 + 1313.6714 - 1003.5456$$
$$= -0.0045\ \text{m} = -4.5\ \text{mm};$$

$$w_C = \sqrt{w_x^2 + w_y^2 + w_z^2} = \sqrt{5.5^2 + (-1.4)^2 + (-3.5)^2} = 6.67\ \text{mm}。$$

式中，$(\Delta x_i, \Delta y_i, \Delta z_i)$，为第 i 条基线向量的坐标。

(2)计算侧边中误差：

①计算基线边长：

$$d_1 = \sqrt{\Delta X^2 + \Delta Y^2 + \Delta Z^2} = \sqrt{(-974.6340)^2 + (-1945.8816)^2 + 2027.9065^2}$$
$$= \sqrt{8848788.951} = 2974.6914\ \text{m};$$

$$d_2 = \sqrt{\Delta X^2 + \Delta Y^2 + \Delta Z^2} = \sqrt{2723.6694^2 + 2928.9144^2 + (-2338.0368)^2}$$
$$= \sqrt{214633330.64} = 4632.8534\ \text{m};$$

$$d_3 = \sqrt{\Delta X^2 + \Delta Y^2 + \Delta Z^2} = \sqrt{717.1387^2 + 1191.6980^2 + (-1313.6724)^2}$$
$$= \sqrt{3660167.21} = 1913.1563\ \text{m};$$

$$d_4 = \sqrt{\Delta X^2 + \Delta Y^2 + \Delta Z^2} = \sqrt{(-1031.8912)^2 + 208.6638^2 + (-1003.5456)^2}$$
$$= \sqrt{2115443.801} = 1454.4565\ \text{m}。$$

②计算闭合环平均边长：

$$d = \sum_{i=1}^{n} d_i/n = \sum_{i=1}^{4} d_i/4 = \frac{2974.6914 + 4632.8534 + 1913.1563 + 1454.4565}{4}$$
$$= \frac{10975.1576}{4} = 2743.7894\ \text{m}。$$

③计算侧边中误差：

$$\sigma = \sqrt{a^2 + (b \times d)^2} = \sqrt{5^2 + (1 \times 2.74)^2} = \sqrt{32.5} = 5.7\ \text{mm}。$$

(3)计算闭合差限差：

$$\delta_x = 3\sqrt{n}\sigma = 3\sqrt{4} \times 5.7 = 34.2\ \text{mm};$$
$$\delta_y \leqslant 3\sqrt{n}\sigma = 3\sqrt{4} \times 5.7 = 34.2\ \text{mm};$$
$$\delta_z \leqslant 3\sqrt{n}\sigma = 3\sqrt{4} \times 5.7 = 34.2\ \text{mm};$$
$$w_c \leqslant 3\sqrt{3n}\sigma = 3\sqrt{3 \times 4} \times 5.7 = 59.2\ \text{mm}。$$

(4)判定是否合格：

要求：$w_x \leqslant w_{x限}$，$w_y \leqslant w_{y限}$，$w_z \leqslant w_{z限}$，$w_c \leqslant w_{c限}$，实际上：$w_x \leqslant w_{x限}$，$w_y \leqslant w_{y限}$，$w_z \leqslant w_{z限}$，$w_c \leqslant w_{c限}$，所以，该异步环合格。

第二题参考答案

1. 用框图表示全数字摄影测量工作站进行 DEM 生产的主要工作流程及第三步环节应注意的问题。

全数字摄影测量工作站进行 DEM 生产的主要工作流程如图 7-1 所示。

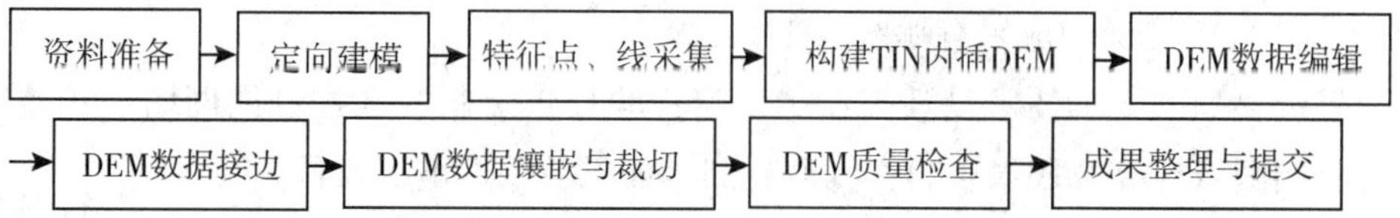

图 7-1

第三环节为：特征点、线采集。应采用放大观测，测标精确切准地面，对模型中所有地性特征点、线进行三维坐标量测，在量测地形特征点、线的基础上，适当地增加量测部分地形点，有助于提高内插 DEM 的精度。除地形特征点、线外，还要注意以下与高程有关要素的三维测量：①各种水涯（岸）线；②森林区域线；③影像质量差，影响正常观测的范围线。

2. 利用全数字摄影测量工作站进行 DEM 生产，需要准备哪些必要的资料和成果？

DEM 数据生产的资料准备主要包括：

(1) 原始数字航空像片；

(2) 解析空中三角测量成果；

(3) 其他外业控制成果；

(4) 技术设计书等所需的其他技术资料。

3. 本项目中高程的估算精度是多少？（结果保留 2 位小数）

本案例高程估算精度：

$$高程估算精度 = 0.04 \times \frac{F \times M_{像}}{像幅 \times (1 - 航向重叠度)} \times 0.001(\mathrm{m})$$，其中 F 为航摄像机焦距（mm）；像幅为像片坐标系 x 方向的像幅长度（mm）；M 为航摄比例尺分母。高程精度估算值单位为 m。

代入具体数据，得高程估算精度：

$$0.04 \times \frac{152 \times 10\,000}{230 \times (1 - 65\%)} \times 0.001(\mathrm{m}) = 0.76(\mathrm{m})。$$

4. DEM 数据生产完成后需要上交哪些主要成果？

DEM 数据生产完成后需要上交的主要成果有：

(1) DEM 数据文件；

(2) 原始特征点、线数据文件；

(3) 元数据文件；

(4) DEM 数据文件接合表；

(5) 质量检查记录；

(6) 质量检查（验收）报告；

(7) 技术总结报告。

第三题参考答案

1. 简述基本地籍图的主要内容。

地籍图的基本内容包括界址点、线，地块及编号，宗地或区的编号和名称，土地利用类别、土地等级，永久性建（构）筑物，各级行政边界线，平面控制点，道路和水系，地理名称和单位名称等。

2. 简述地籍测量的主要作业步骤。

地籍测量作业的主要步骤如下：

(1) 地籍控制测量；

(2) 基本地籍图测绘；

(3) 界址点测量；

(4) 宗地图绘制；

(5) 面积量算；

(6) 测量质量检查；

(7) 测量成果提交与整理等。

3. 计算本工程项目界址点点位中误差（保留 2 位小数）。

根据《测绘成果质量检查与验收》规定，检测点（边）数量少于 20 时，以误差的算术平均值代替中误差，计算公式为

$$\frac{\sum_{i=1}^{n} |\Delta|}{n},\quad m_x = \frac{125}{10} = 12.5\ \mathrm{cm};\quad m_y = \frac{49}{10} = 4.9\ \mathrm{cm};$$

所以，界址点点位中误差为

$$m_z = \pm\sqrt{m_x^2 + m_y^2} = \sqrt{12.5^2 + 4.9^2} \approx 13.43\ \mathrm{cm}。$$

4. 简述地籍数据库管理系统的主要功能需求与设计。

地籍数据库管理系统的主要功能与通用管理系统功能需求与设计基本一样，主要包括数据录入（观测数据、图形），入库检查，视图管理，查询检索，数据输出，数据分析，地籍图、宗地图绘制，分发服务，数据更新，数据库维护，数据库安全管理等。

第四题参考答案

1. 布置洞内导线时应注意哪些事项？

布置洞内导线时应注意：

(1)地下导线应尽量沿巷道中线(或边线)布设，尽量避免长短边相接。

(2)地下导线延伸测量时，应对以前的导线点做检核测量。在直线地段，可只做角度检测，在曲线地段，还要同时做边长检测。

(3)地下导线边长较短，角度观测时应尽可能减小仪器对中和目标对中误差的影响。

(4)边长测量中，采用钢尺悬空丈量时，应加尺长、温度和垂曲改正。

(5)凡能构成闭合图形的导线网(环)，都应进行平差计算，以便求出导线点的精确坐标值。

(6)对于螺旋形巷道，不能形成长边导线，每次向前延伸时，都应从洞外复测。复测精度应一致，在证明导线点无明显位移时，取点位的均值。

2. 简述提高隧道贯通测量精度的具体措施。

提高隧道贯通测量精度的具体措施有：

(1)注意原始资料的可靠性，起算数据应准确无误。

(2)各项测量工作都要有可靠的独立检核，要进行复测复算，防止产生粗差。

(3)适当加测陀螺定向边；尽可能增大导线边长；设法提高仪器和目标的对中精度，或采用三联脚架法等。

(4)要及时对观测成果进行精度分析，并与预计的贯通误差进行对比，必要时返工重测。

(5)掘进过程中，要及时进行测量和填图，并根据测量成果及时调整掘进方向和坡度。

3. 地面平面控制测量对横向贯通的影响值的允许值是多少？

设隧道总的横向贯通误差限值为 Δq，则总的横向贯通中误差限值为

$$M_q = \frac{1}{2} \times \Delta q = 200/2 = 100\ \text{mm}。$$

设地面控制测量引起的中误差为 m_1、两相向布设的洞内导线测量引起的中误差为 m_2、m_3 和一个斜井联系测量引起的中误差 m_4。根据误差传播定律，有

$$M_q^2 = m_{q_1}^2 + m_{q_2}^2 + m_{q_3}^2 + m_{q_4}^2$$

再按“等影响原则”加以分配，则地面控制测量误差引起的横向贯通中误差允许值为

$$m_{q_1} = \frac{M_q}{\sqrt{4}} = \frac{100}{2} = 50\ \text{mm}。$$

第五题参考答案

1. 若按每幅图最少需要 4 个图根控制点的要求，需要布设图根控制的最少个数是多少？

一幅 50 cm×40 cm 的 1∶1 000 图幅的实地面积是 0.2 km^2，测区面积为 80 km^2，共有 400 幅图，需要控制点最少个数是

$$400 \times 4 = 1\ 600\ 个$$

2. 简述地形图内业应检查的内容。

内业检查内容如下：

(1)图根控制点密度符合要求，位置与分布恰当；各项较差、闭合差在规定范围内；原始记录和计算成果正确，项目填写齐全。

(2)图廓、方格网、控制点展绘精度符合要求；测站点密度和精度符合规定；地物、地貌各要素测绘正确、齐全，取舍恰当，图式符号运用正确；接边精度符合要求；图历表填写应完整清楚，各项资料齐全。

3. 项目完成后应提交的成果有哪些？

提交成果资料如下：①技术设计书；②仪器检验校正资料；③控制网网图；④控制测量外业资料；⑤控制测量计算及成果资料；⑥所有测量成果及图件电子文件。

第六题参考答案

1. 简述建筑物外围测量的要求。

建筑外围测量要求如下：

(1)建筑外围测量需测出各层范围线和各层上空范围线；

(2)建筑首层外围必须完整，不能因为建筑具有对称或由相同单元拼接组合而成省略；

(3)不得将外形不同的楼层数据记录在同一楼层草图中；

(4)如果楼座外部尺寸无变化，地上部分只需测量首层外部尺寸；

(5)如果楼座外部尺寸有变化，应在相应层测量退层或悬挑尺寸，并注明“其他尺寸同某层”；

(6)地下部分的外部尺寸可通过内部尺寸加设计外墙厚度的方法获得；

(7)现场无法实测的数据(如无孔洞的墙厚)，可抄录设计数据并注明数据来源；

(8)对于屋顶为坡面且有不够 2.20 m 的部位，现场找出 2.20 m 线的位置，并测量其与相邻墙面的相对关系；

(9)对于层高不足 2.20 m 的部分，应记录净空尺寸；

(10)对于空间顶层附属用房要测量其相对位置。

2. 简述房屋面积测算的工作内容有哪些？

房屋面积测算包括房屋建筑面积、共有共用建筑面积、产权面积、使用面积的测算。

(1)房屋建筑面积是指房屋外墙(柱)勒脚以上各层的外围水平投影面积，包括阳台、挑廊、地下室、室外楼梯灯且具备上盖、结构牢固，层高 2.20 m 以上(含2.20 m)的永久性建筑。

(2)房屋使用的面积是指房屋户内全部可供使用的空间面积，按房屋的内部墙面水平投影

计算。

(3)房屋产权面积是指产权主依法拥有房屋所有权的房屋建筑面积，房屋产权面积由直辖市、市、县房地产行政主管部门登记确权认定。

(4)房屋的共有共用建筑面积是指各产权主共同占有或共同使用的建筑面积。

3. 根据工程项目中所述，计算各套房屋建筑面积，并将结果填入表 7-2。

计算各套房屋建筑面积：

(1)住宅功能区总套内建筑面积：50+51+(52+53)×8＝941 m^2；

(2)总分摊的共有面积：9+100+10＝119 m^2；

(3)住宅分摊系数：119/941＝0. 126 461。

表 7-2

部位及房号		建筑面积(m^2)	其中			共有面积分摊系数：0. 126 461
			套内建筑面积(含阳台)(m^2)	阳台建筑面积(m^2)	分摊的共有建筑面积(m^2)	备注
1 层	101	56. 32	50. 00	2. 00	6. 32	
	102	57. 45	51. 00	3. 00	6. 45	
2~9 层	01	58. 58	52. 00	4. 00	6. 58	
	02	59. 70	53. 00	5. 00	6. 70	
总计		1 060. 01	941. 00	77. 00	119. 01	

第七题参考答案

1. 简述收集到的各种资料的用途。

(1)2016 年底更新完成的 1：10 万本区域全要素地形图(DLG)数据，该数据中居民地、水系、交通和旅游等要素内容详细，分级合理；比例尺 1：10 万与交通旅游图比例尺 1：15 万非常接近，地图缩编工作量小，地图要素齐全，完全能满足编制挂图的需要，可作为编制挂图基本资料数据。

(2)2018 年底更新完成的 1：5 万该市全要素地形图(DLG)数据，可作为交通旅游图各要素更新补充资料数据。

(3)2019 年交通部门编制出版的 1：20 万《某市交通图》，可作为交通旅游图交通要素更新补充资料数据。

(4)2019 年旅游部门编制出版的 1：20 万《某市旅游图》，可作为交通旅游图旅游要素更新补充资料数据。

(5)2020 年 1 月成像的 2 m 分辨率卫星影像，对照寻找发现变化的道路要素、旅游要素和居民地要素等，并进行更新。

2. 简述道路要素的编绘方法和步骤。

(1)用 2018 年底更新完成的 1：5 万该市全要素地形图(DLG)数据依据有变化的地方，更新 1：10 万地形图(DLG)道路要素数据；

(2)利用 2020 年交通部门编制出版的 1：20 万《某市交通图》作为道路要素的更新参考数据，对道路要素，特别是新修的公路和新建铁路进行更新；

(3)利用 2020 年 1 月成像的 2 m 分辨率卫星影像对照 1：10 万地形图(DLG)寻找发现有变化的道路要素，并进行更新；

(4)道路制图综合。对比例尺 1：10 万的地图进行缩编处理，道路网制图综合，选取主要道路，删除次要道路，道路要素与其他要素发生矛盾时，按相接、相切和相离的关系进行处理。道路注记配置，得到 1：15 万交通旅游图上道路要素成果数据。

3. 简述旅游要素的编绘方法和步骤。

(1)用 2018 年底更新完成的 1：5 万该市全要素地形图(DLG)数据依据有变化的地方，更新 1：10 万地形图(DLG)旅游要素数据；

(2)利用 2020 年旅游部门编制出版的 1：20 万《某市旅游图》作为旅游要素的更新参考数据，对旅游要素进行更新；

(3)利用 2020 年 1 月成像的 2 m 分辨率卫星影像对照 1：10 万地形图(DLG)寻找发现有变化的旅游要素，并进行更新；

(4)旅游制图综合。对比例尺 1：10 万的地图进行缩编处理，旅游要素制图综合，选取主要旅游景点和酒店，如 4A 级、5A 级景点，4 星级、5 星级酒店，删去次要酒店、商店，对旅游要素进行合理的分类分级。得到 1：15 万交通旅游图上旅游要素成果数据。

第八题参考答案

1. 本项目系统采用软件依赖式开发，请说明开发使用的 GIS 系统平台软件选择需要考虑的因素。

需要考虑的因素有：

(1)所选平台应具有 GIS 基本功能；

(2)所选平台具有一定的空间分析功能；

(3)所选平台应具有网络支持功能，具有 WebGIS 的扩展模块；

(4)所选平台应能够支持分布式数据库。

2. 系统开发中，软件结构应采用 B/S 结构、C/S 结构，还是 B/S 和 C/S 混合结构？简述理由。

应采用 B/S 和 C/S 混合结构。主要理由是：

(1)考虑到系统中需要处理大量的地理空间数据，进行空间分析，应采用 C/S 结构。

（2）考虑到系统要求在广域网及无线终端上运行，应采用B/S。

综上所述，系统软件结构应采用B/S和C/S混合结构。

3. 分析已有资料数据，说明使用数据及处理方法。

根据已有资料情况，考虑到数据的现势性，确定本项目使用数据及处理方法。

（1）基础地理数据以全市2017年测绘生产的1∶2 000全要素地形图数据（DLG）为基础，利用全市2019年测绘生产的1∶2 000正射影像图数据（DOM），参考全市2019年测绘生产的1∶2 000地下管线数据进行更新。

（2）专题数据使用全市2019年测绘生产的1∶2 000地下管线数据和全市2019年地下管网调查资料数据。

4. 某条街道自来水管线埋设较浅，现在有一个工程项目施工需要在该自来水管线附近开挖5 m深沟。如何进行空间分析才能保证施工安全？

保证施工安全进行空间分析如下：

（1）以自来水管线为中心线，进行5 m缓冲区分析。

（2）如果缓冲区超出地面，就不能开展开挖施工。没有超出地面就可以进行开挖施工。

（3）进行空间分析时需要的数据主要包括：基础地理数据中的地物、地形数据；自来水管空间位置、管径等数据。

仿真试卷八参考答案

第一题参考答案

1. 计算该网的GPS特征条件。

（1）一个时段的总基线数和独立基线数为多少？

为满足C级GPS测量规范的要求，该网需要观测4个时段。因此，一个时段的同步基线数和独立基线数：

$$J_{同} = N \times (N-1)/2 = 6,\quad J_{独} = N - 1 = 3$$

（2）该GPS网总基线数、必要基线数、独立基线数、多余基线数、D03～D04边的重复基线数各是多少？

该网总基线数

$$J_{总} = C \times N \times (N-1)/2 = 24$$

必要基线数

$$J_{必} = n - 1 = 5$$

独立基线数

$$J_{独} = C \times (N-1) = 12$$

多余基线数

$$J_{多} = C \times (N-1) - (n-1) = 7$$

根据调度计划，D03～D04边的重复基线数为4。

（3）该GPS网的平均多余观测分量是多少？

该GPS网的平均多余观测分量

$$R_a = \frac{多余观测数}{观测值总数} = 3 \times \frac{J_{多}}{3 \times J_{独}} = \frac{21}{36} = 0.583$$

2. GPS测量任务完成后应提交的资料有哪些？

GPS测量任务完成后应提交的资料有：

（1）测量任务书或（合同书）、技术设计书；

（2）点之记、环视图、测量标志委托保管书、选点和埋石资料；

（3）接收设备、气象及其他仪器的检验资料；

（4）外业观测记录（含软盘）、测量手簿及其他记录资料；

(5)数据处理生成的文件、资料和成果表；

(6)GPS 网展点图；

(7)技术总结报告和成果验收报告。

第二题参考答案

1. 航摄仪在哪些情况下必须进行检定？检定的项目有哪些？

(1)根据每台航摄仪的稳定状况，凡具有下列情况之一者应进行检定：

①距前次检定时间超过 2 年；

②快门曝光次数超过 20 000 次；

③经过大修或主要部件更换以后；

④在使用或运输过程中产生剧烈震动以后。

(2)航摄仪检定项目如下：

①摄影机检定主距；

②径向畸变差；

③最佳对称主点坐标；

④自准直主点坐标；

⑤CCD 面阵坏点。

2. 航摄分区划分时要遵循的主要原则有哪些？如何划分本摄区的航摄分区？

(1)航摄分区划分时要遵循的主要原则有：

①分区界线应与测图的图廓线相一致；

②分区内的地形高差不得大于 1/4 相对航高(以分区的平均高度平面为基准面的航高)；

③在地形高差符合②的规定，且在确保航线的直线性的前提下，分区应尽量划大，分区的最小范围不得小于 2 个图幅；

④当地面高差突变，地形特征差别显著或有特殊要求时，可以破图廓划分航摄分区。

(2)本摄区的航摄分区的划分：

摄区相对航高

$$H=\text{航摄仪焦距}\times\text{摄影比例尺分母}=0.12\times10\ 000=1\ 200\ \text{m}$$

本摄区内地形高差为

$$300-20=280\ \text{m}$$

小于 1/4 相对航高 300 m。

因此，根据本摄区特点，只需要一个分区即可完成任务。

3. 航线敷设时要遵循的主要原则有哪些？

航线敷设时要遵循的主要原则主要有：

(1)航线应东西向直线飞行。在特定条件下也可按照地形走向作南北向飞行或沿线路、河流、海岸、境界等任意方向飞行；

(2)常规摄影航线应与图廓线平行敷设。对于 1：5 000 测图，当 $M_{像}/M_{图}$大于 3.2 倍时，航线应沿图幅中心线敷设；

(3)水域、海区航摄时，航线敷设要尽可能避免像主点落水；要确保所有岛屿达到完整覆盖，并能构成立体像对；

(4)荒漠、高山区隐蔽地区等和测图控制作业特别困难的地区，可以敷设构架航线。构架航线根据测图控制点设计的要求设置。

4. 计算以下航摄参数：绝对航高、分区航线条数、每条航线影像数。

(1)绝对航高：

航线基准面高

$$\frac{h_{高平均}+h_{低平均}}{2}=\frac{300+20}{2}=160(\text{m})$$

绝对航高

$$\text{摄区相对航高}+\text{航线基准面高}=1\ 200+160=1\ 360(\text{m})$$

(2)分区航线条数：

航线间隔

$$\text{影像高度}\times(1-\text{旁向重叠度})\times\text{摄影比例尺分母}=0.166\times(1-0.35)\times10\ 000=1\ 079(\text{m})$$

分区航线条数

$$\text{分区宽度}\div\text{航线间隔}=30\ 000\div1\ 079=28(\text{条})$$

(3)每条航线影像数：

基线长度

$$\text{影像宽度}\times(1-\text{航向重叠度})\times\text{摄影比例尺分母}=0.092\times(1-0.65)\times10\ 000=322(\text{m})$$

每条航线影像数

$$\text{每航线长度}\div\text{基线长度}=40\ 000\div322=125(\text{张})$$

第三题参考答案

1. 根据项目要求，判断该项目使用的遥感卫星影像是否需要影像融合处理，并说明理由。

根据现势性要求和成图比例尺要求，确定影像源为 2013 年 10 月 QuickBird 全色(0.61 m)和多光谱影像(2.44 m)。根据调绘需要，应使用彩色影像。考虑到多光谱影像的分辨率(2.44 m)不能满足 1：1 万比例尺精度要求，所以需要进行影像融合。

2. 以框图形式表示本项目中遥感解译的流程。

本项目中遥感解译的流程如图 8-3 所示。

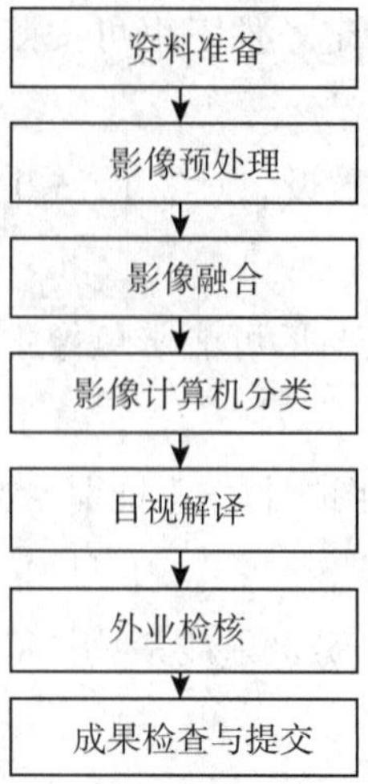

图 8-3

3. 以框图形式表示遥感工作底图的制作流程。

遥感工作底图的制作流程如图 8-4 所示。

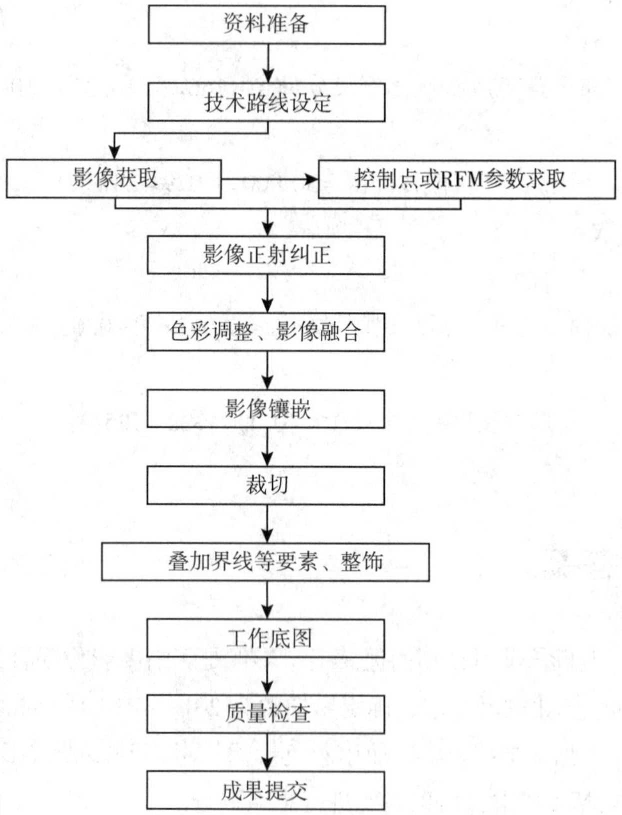

图 8-4

4. 该项目要求充分利用已有资料进行地理国情基本信息采集，简述其采集的具体工作步骤。

(1)资料准备与分析。

(2)以 2006 年测绘的覆盖全县 1∶1 万比例尺地形图为基础，结合遥感影像，对面有变化的区域，直接提取地理要素。

(3)对变化区域，利用遥感解译和调绘成果，在内业扫描后，提取土地、道路、水系等要素，更新 2006 年 1∶1 万比例尺地形图。

(4)对土地、道路、水系等要素进行分层编辑、检查，按规定的格式存储。

(5)数据入库前进行检查、验收、成果提交。

第四题参考答案

1. 根据案例中所给条件，计算 B、C 两点的高程最或然值。

B、C 两点的高程最或然值计算过程如下：

①先计算闭合差：

$$W = \sum h_i = 0.006\ \text{m}$$

环线长：

$$\sum S_i = 7.5\ \text{km}$$

②再按距离反比例误差分配：

$$\sum v_i = -0.006\ \text{m}$$

$$\frac{\sum v_i}{\sum S_i} = -0.000\,8\ \text{m/km}$$

③分别计算测段高程改正数：

$$v_1 = -0.002\ \text{m}$$

$$v_2 = -0.002\,4\ \text{m}$$

$$v_3 = -0.001\,6\ \text{m}$$

④B、C 两点的高程最或然值：

B 点高程：

$$H_B = H_A + h_1 + V_1 = 149.566\ \text{m}$$

C 点高程：

$$H_C = H_B + h_2 + V_2 = 153.919\,6\ \text{m}$$

2. 该项目水准路线联测精度是否满足三等水准测量要求，请计算说明。

该项目水准测量精度计算如下：

每千米偶然中误差：

$$M_\Delta = \pm\sqrt{\frac{\frac{\Delta\Delta}{R}}{4\cdot n}} = \pm\sqrt{\frac{5\times\frac{5}{2.5}+6\times\frac{6}{3.0}+2\times\frac{2}{2.0}}{4\times 3}}$$

$= \pm 1.414\ \text{mm}$

(2)每千米全中误差：

$$M_W = \pm\sqrt{\frac{\left[\frac{WW}{F}\right]}{N}} = \pm\sqrt{\frac{6 \times \frac{6}{2.5 + 3.0 + 2.0}}{1}} = \pm 2.191\ \text{mm}$$

根据三等水准测量要求，每千米偶然中误差应不超过 3.0 mm，每千米全中误差应不超过 6.0 mm。

所以本项目水准联测精度满足三等水准精度要求。

3. 简述项目中所给仪器设备的用途。

案例中所给仪器设备的用途分别是：

(1)GPS 接收机：作为定位设备，测量坐标、高程值；

(2)单波束测深仪和多波束测深系统：作为测深设备；

(3)声速剖面仪：在不同水深以及区域温度、盐度变化中作为声速测量设备；

(4)水尺、波潮仪、压力式验潮计：对于需要架设临时验潮站情况下的水文观测设备；

(5)水准仪：用于水准测量；

(6)姿态传感器和光线罗经：为了实现精确测深，所使用的测深设备。

第五题参考答案

1. 简述编制该幅海图要素综合的原则。

该幅海图要素综合的原则：

(1)海岸线：其化简遵循“扩大陆地，缩小海洋”的原则。

(2)等深线：遵循“扩浅缩深”的原则，等深线比较密集时，可保留最浅的等深线，将较深的等深线中断在较浅的等深线上，并保留 0.2 mm 的间隔。等深线的取舍原则是“取浅舍深”。

(3)水深：水深注记选择一般遵循“舍深取浅”原则，水深注记一般呈菱形分布。

(4)干出滩：其综合包括取舍、化简、质量特征的概括以及干出水深的选取 4 个方面。

(5)海底底质：海底底质的取舍，首先保障航行安全和便于选择锚地，其次反映底质的分布特点和规律。一般遵循“取硬舍软”与“软硬兼顾”的原则，“取异舍同”，优先选取海底地貌特征点处的底质。

(6)航行障碍物：其综合包括选取、注记说明的表示、符号的图形转换和危险线形状的化简。孤立的障碍物必须选取；成片的障碍物根据其危险程度选取，取高舍低、取外围舍中间、取近道舍近岸、取稀疏处舍密集处。

(7)助航标志：航标的选取按其重要程度、地理位置由高级向低级、由重要向次要的顺序选取，即按照灯塔、无线电航标、灯船、灯柱、灯浮顺序选取。

2. 上述已有资料是否齐全？如果不齐全，还需要收集哪些资料？

上述资料不全，还需要收集当地的水深、水文资料。

3. 该海图制图归档成果资料包括哪些？

(1)各类编绘资料；

(2)制图任务书、编图计划；

(3)各类源数据文件、成果图和数据文件；

(4)各级质量检查的质量报告；

(5)制图过程记录，其他制图资料。

第六题参考答案

1. 简述该项目房产调查包括哪些具体内容。

房产调查分房屋调查和房屋用地调查两项，包括对每个权属单元的位置、权界、权属、数量和利用状况等基本情况以及地理名称和行政境界的调查。

(1)房屋调查的内容包括房屋坐落、产权人、产别、层数、所在层次、建筑结构、建成年份、用途、墙体归属、权源、产权纠纷和他项权利等基本情况及绘制房屋权界线示意图。

(2)房屋用地调查的内容包括用地的坐落、产权性质、等级、税费、用地人、用地单位所有制性质、使用权来源、四至、界标、用地用途分类、用地面积和用地纠纷等基本情况及绘制用地范围示意图。

2. 计算该项目中各功能区的分摊系数。

该项目中各功能区的分摊系数的计算结果见表 8-2。

表 8-2

功能区名称	功能区面积			商业、住宅、车库共同分摊(m^2)	商业、住宅共同分摊(m^2)	不在功能区内的独自分摊(m^2)	总计(m^2)	分摊系数
	套内建筑面积(m^2)	功能区内独自分摊面积(m^2)	小计(m^2)					
商业	4 500	500	5 000	86.49	75.00		5 161.49	0.146 998
车库	5 300	950	6 250	108.11			6 358.11	0.199 643
住宅	29 500	5 500	35 000	605.41	525.00	300	36 430.41	0.234 929
不分摊	150						150	0
人防	1 900						1 900	0
总计	48 300			800.01	600.00	300.00	50 000.01	

3. 该项目房产测绘完成后应提交的成果有哪些？

(1)房产测绘技术设计书；

(2)成果资料索引及说明；

(3)控制测量成果资料；

(4)房屋及房屋用地调查表、界址点坐标成果表；

(5)图形数据成果和房产原图；

(6)技术总结；

(7)检查验收报告。

第七题参考答案

1. 该平台的网络接入系统各个节点的网络分区是如何规划的？

该平台的网络接入系统各个节点内部规划 3 个网络分区：对外服务区(DMZ)、数据存储管理区(DMZ)和数据生产加工区。

(1)对外服务区：主要部署 Web 服务器和应用服务器系统。

(2)数据存储管理区：主要部署数据库服务器系统。

(3)数据生产加工区：主要部署数据检查、处理、建库计算机软件和硬件设备。

2. 该地理信息公共服务平台的服务器集群包括哪些？

该地理信息公共服务平台的服务器集群包括：Web 应用服务器集群、数据库服务器集群、镜像服务器集群、热备系统等。

3. 该地理信息公共服务平台是如何进行安全保密防护的？

对于涉密广域网环境中的地理信息公共服务平台，须从物理、网络、主机、存储介质、应用、数据 6 个层面建立安全保密防护系统，防护范围包括各节点广域网络接入部分和数据生产加工区。

具体安全保密防护措施包括：

(1)涉密区域配置安防消防设备，在广域网环境下配置 CA/RA 认证系统，在广域网接入链路安装国家指定的加密机设备，在安全域边界设置防火墙，在服务器和主机上部署病毒防护系统、主机监控与审计系统及漏洞扫描系统，针对关键网络和应用设置网络入侵检测系统。

(2)对外服务区域接入边界加装入侵防护设备，购置安全保密检查工具为网络节点内定期检查系统泄密隐患提供技术手段。

第八题参考答案

1. 指出本案例中哪种资料最适合选为交通挂图编制的基本资料？简述其理由。

2017 年底更新完成的 1∶100 万本区域全要素地形图(DLG)数据与新编制的交通挂图的比例尺最为接近，并且要素全，居民地、交通和水系等要素内容详细，分级合理。而且与新编挂图(幅面为全开，比例尺 1∶160 万)比例尺相差较小，编制成新挂图制图综合难度小，地图数据编辑处理工作量小，故为新编制交通挂图的基本资料。

2. 简述此挂图居民地要素的编绘步骤和方法。

居民地要素的编绘步骤和方法如下：

(1)采用 10 m 分辨率卫星影像对照 1∶100 万地形图(DLG)寻找发现有变化的居民地；

(2)利用 2020 年初出版的该省的市县挂图系列再更新一次 1∶100 万地形图(DLG)居民地要素数据；

(3)利用 2020 年区域行政区划简册，对变化的行政区划界线和变化的市、县(区)和乡镇居民地等级和名称进行更新。

(4)地图缩编。对比例尺 1∶100 万地图的居民地要素数据进行缩编处理、制图综合、地图符号和注记配置，得到 1∶160 万挂图上居民地要素成果数据。

3. 简述此挂图生产中道路的制图综合处理要点。

此挂图生产中道路的制图综合处理要点如下：

(1)高速铁路、铁路、高速公路、国道、省道全部选取表示，对于这些道路的短小岔道可以删除。县乡道及以下道路，新修的公路和新建铁路也按新编制的挂图要求增补更新绘出。

(2)县乡道及以下等级道路，选取连贯性好的，能够构成道路网道路；删除连贯性差的短小道路；居民地没有选取的道路删除，道路网发达地区的这些道路少选，道路网密度稀疏地区的这些道路应适当多选。

(3)道路要素与其他要素发生矛盾时，按相接、相切和相离的关系进行处理。道路要素间发生矛盾时，保持高等级别道路要素位置正确，对低等级要素采取移位或者删除的方式处理。

仿真试卷九参考答案

第一题参考答案

1. 该基准站在选址时对观测环境和地质环境有哪些要求？

(1)观测环境：

①避开多路径和电磁干扰影响的地物 200 m 以上；

②10°净空；

③避开矿区、铁路、公路震动地域，周围环境变化小地带；

④进行 24 h 实地环境测试，数据可用率大于 80%，多路径影响小于 0.5 m。

(2)地质环境：

①稳定块体；

②避开地质断裂带、滑坡沉陷变形大的地区。

2. 由于某个点位设立在楼顶，水准测量无法联测，如何解决该点的高程问题？

利用精密三角高程传递方法(测距高程导线)来解决。

仪器选择：一级以上全站仪；精度分析

$$h = s \cdot \sin\alpha + \frac{1-k}{2R}(s \cdot \cos\alpha)^2 + i - a$$

由以上公式可知，影响三角高程测量精度最大的是大气折光差、量高误差、测角误差和测距误差；如果采用短边(500 m 以内)，则大气折光影响在 1 mm 以内，采用特制观测觇板和中间点设站法，量高误差可控制在 1 mm 以内，由于测角和测距精度在 1 s 和 1 mm 以内，整体传递高程不超过 2 mm。

3. 其中的一条水准环线长为 100 km，环闭合差为 25 mm，该环闭合差是否超限？

二等水准环闭合差限差公式为

$$\pm 4.0\sqrt{F}$$

代入数据

$$w_{限} = \pm 4.0\sqrt{100}\ \text{mm} = 40\ \text{mm},$$

因为，环闭合差 25 mm<40 mm，所以原环闭合差未超限。

4. 二等水准测量中影响其精度的主要误差有哪些，如何减弱？

(1)二等水准测量中影响其精度的主要误差有：

①仪器误差(i 角误差、水准标尺每米真长误差、一对水准标尺零点不等差)；

②外界因素引起的误差(折光、脚架尺台升降、i 变化、尺长变化、日月引力、固体潮等)；

③观测误差，指人为因素引起的误差；

④客观因素的误差，如日月引力产生的误差、重力引起的误差、温度变化产生的误差等。

(2)为了减弱这些误差的影响，作业中应注意：

①严格控制观测时间，选择最佳观测条件；

②作业前把仪器放在阴凉处半小时，设站时用测伞遮阳；每测段设为偶数站，奇数站和偶数站采用相反的观测程序；

③每站前后视距尽量相等，视线离开地面足够高度，坡度较大的地段应适当缩短视线；

④往返测应沿同一路线进行，应使用同一仪器和尺承；对于客观因素产生的误差只能通过改正数的办法予以减弱。

第二题参考答案

1. 简述本项目 1∶1 000 地形图需要测绘的内容。

本项目 1∶1 000 地形图测绘的内容应包括：测量控制点、水系、居民地及设施、交通、管线、境界与政区、地貌、植被与土质等要素，并应着重测绘表示与城市规划、建设有关的各项要素。

2. 本项目交通要素的测绘及表示，具体有哪些要点？

本项目交通要素的测绘及表示，应符合下列具体要点：反映道路的类别和等级，附属设施的结构和关系；正确处理道路的相交关系及与其他要素的关系；并正确表示水运和海运的航行标志、河流的通航情况及各级道路的通过关系。

(1)铁路轨顶、公路路中、道路交叉处、桥面等，应测注高程；曲线段的铁路，应测量内侧轨顶高程；隧道、涵洞应测注底面高程。

(2)公路与其他双线道路在图上均应按实宽依比例尺表示，并应在图上每隔 150~200 mm 注出公路等级代码及其行政等级代码和编号，并且有名称的，应加注名称。公路、街道宜按其铺面材料分别以砼、沥、石、砖、砾、土、碴等注记于图中路面，铺面材料改变处，应用地类界符号分开。

(3)铁路与公路或其他道路平面相交时，不应中断铁路符号，而应将另一道路符号中断；城市道路为立体交叉或高架道路时，应测绘桥位、匝道与绿地等；多重交叉、重叠，下层被上层遮住的部分可不绘，桥墩或立柱应根据用图需求表示。

(4)路堤、路堑应按实地宽度绘出边界，并应在坡顶、坡脚处适当地测注高程。道路通过居民地应按真实位置绘出，不宜中断；高速公路、铁路、轨道交通应绘出两侧围建的栅栏、墙和出入口，并应注明名称，中央分隔带可根据用图需求表示；市区街道应将车行道、过街天桥、过街地道的出入口、分隔带、环岛、街心花园、人行道与绿化带等绘出。

(5)跨河或谷地等的桥梁，应测定桥头、桥身和桥墩位置，并应注明建筑结构；码头应测定轮廓线，并应注明其名称，无专有名称时，应注记“码头”；码头上的建筑应测定并用相应的符号表示。

3. 当局部图根点密度不足时，应如何进行加密？

当局部图根点密度不足时，可在等级控制点或一次附合图根点上，采用电磁波测距极坐标布点加密。

(1)平面位置测量，边长不宜超过定向边的3倍。

(2)采用双极坐标法测量时，每测站可只联测一个已知方向，测角、测距应均一测回，两组坐标不超限时，取中数。

(3)采用电磁波极坐标法所测图根点，不应再行发展，且一幅图内用此法布设的点不应超过图根点总数的30%。

(4)在条件允许的情况下，采用双极坐标测量，或适当地检测各点间距；当坐标、高程同时测定，可变动棱镜高度测量两次。两组较差、坐标反算间距与实测间距较差不应大于图上0.2 mm。

4. 测区任务完成后应提交的成果资料有哪些？

测区任务完成后应提交的成果资料有：

①技术设计书；②仪器检验校正资料；③控制网网图及控制测量外业资料；④控制测量计算及成果资料；⑤所有测量成果及图件电子文件；⑥技术总结报告书。

第三题参考答案

1. 根据项目已知条件计算该贯通面的贯通误差，并判断是否超限。

设两贯通点的距离为d，根据题意得，贯通点两坐标差的绝对值即为横向贯通误差

$$Abs(54\ 321.472-54\ 321.375)=97\ \text{mm}$$

贯通点的高差

$$h=45.359-45.418=-59\ \text{mm}$$

因隧道开挖两端相距3.98 km，按照规范规定，横向贯通误差不超过100 mm，高程贯通误差不超过70 mm，所以该贯通面的横向贯通误差在限差范围内，且高程贯通误差也在限差范围内。

2. 简述项目中陀螺经纬仪定向的原理和步骤。

(1)陀螺经纬仪定向的原理：

利用陀螺仪本身的物理特性及地球自转的影响，实现自动寻找真北方向，从而测定任意测站上任意方向的大地方位角。

(2)陀螺经纬仪定向的步骤：

①在已知边上测定仪器常数；

②在待定边测定陀螺方位角；

③在已知边上重新测定仪器常数，求算仪器常数最或是值，评定一次测定中误差；

④求算子午线收敛角；

⑤求算待定边的坐标方位角。

3. 已知隧道坡度为-3‰，在现场标定隧道腰线，本点腰线高程为38.270 m，则相距10 m的前方腰线高程为多少？

根据已知条件，设本点为A，与本点相距10 m的点为B，则AB点的高差为

$$h_{AB}=10\times\frac{-3}{1\ 000}=-0.03\ \text{m}$$

所以，相距10 m的前方腰线高程

$$H_B=H_A+h_{AB}=38.270-0.03=38.24\ \text{m}。$$

4. 为提高地下导线的精度，可采取哪些措施？

为了提高地下导线的精度，可采取的措施有：

(1)适当加测陀螺定向边；

(2)尽可能增大导线边长；

(3)设法提高仪器和目标的对中精度或采用三联脚架法等。

第四题参考答案

1. 计算该栋房屋01号的建筑面积和整栋房屋总建筑面积，并计算分摊系数和该项目的容积率。

(1)分摊系数：

①01号套内面积

$$12\times12-4\times6+1.5\times8+6\times1.8\times0.5=137.4\ \text{m}^2$$

②同理，02、03、04号套内面积：137.4 m^2；

③每层楼、电梯面积

$$6\times8\times2=96\ \text{m}^2;$$

④每层外墙(包括山墙)水平投影面积的一半：12.04 m^2；

⑤分摊系数

$$\frac{(96+12.04)\times31}{137.4\times4\times31}=0.196\ 579$$

(2)该栋房屋01号的建筑面积和整栋房屋总建筑面积，该项目的容积率如下：

①01号公摊面积

$$0.196\ 579\times137.4=27.01\ \text{m}^2;$$

②01号建筑面积

$$137.4+27.01=164.41\ \text{m}^2;$$

③总建筑面积

$$164.41\times4\times31=20\ 386.84\ \text{m}^2;$$

④容积率

$$20\ 386.84/(5\times666.7)=6.12$$

2. 按照《测绘资质分类分级标准》，该单位有没有违规承接业务？简述理由。

该单位违规承接本项目。

因为《测绘资质分类分级标准》规定，乙级测绘单位作业限额为：规划许可证载单栋建筑面积 10 万 m^2以下，而本项目总建筑面积为 20 386.84 m^2。

3. 按照《房产测量规范》，能够计算建筑面积的房屋应具备哪些普遍性条件？

能够计算建筑面积的房屋应具备如下普遍性条件：

(1)应具有上盖；

(2)应有围护物；

(3)结构牢固，属永久性的建筑物；

(4)层高在 2.20 m 或 2.20 m 以上；

(5)可作为人们生产或生活的场所。

4. 若房产面积的精度要求为二级，则 01 号房屋面积限差为多少？

01 号房屋面积限差

$$0.04\times\sqrt{164.41}+0.002\times164.41=0.84\ \text{m}^2。$$

第五题参考答案

1. 在不采用野外像控点联测的情况下，如何获取像控点坐标？

(1)对于 1∶2 000 数字正射影像图(DOM)的成图区域，可在 1∶500 或 1∶2 000 地形图图解像控点坐标。

(2)对于 1∶5 000 数字正射影像图(DOM)的成图区域，可在 1∶2 000 或1∶5 000地形图上图解像控点坐标。

2. 对于 1∶2 000 数字正射影像图(DOM)的制作，拟采用全数字摄影工作站在立体环境下制作，简述其工艺流程。

利用 1∶10 000 航摄资料制作 1∶2 000 DOM 的工艺流程主要包括：

(1)准备控制点信息文件和参数文件；

(2)胶片影像扫描数字化；

(3)空中三角测量；

(4)进行数字航摄测量定向；

(5)核线影像生成；

(6)影像匹配得到 DEM，特征点线采集编辑检查；

(7)数字微分纠正生产 DEM；

(8)影像镶嵌和图幅裁切(包括色彩调整、接边检查、图廓整饰等)；

(9)DOM 数据成果输出。

3. 对于 1∶5 000 数字正射影像图(DOM)的制作，拟采用单片微分纠正方法制作，分析其工艺流程与采用全数字摄影工作站立体环境下制作的异同点。

对于利用 1∶20 000 航摄资料制作 1∶5 000 DOM 的情况，其工艺流程与采用全数字摄影工作站立体环境下制作的完全一样。采用全数字摄影工作站强调的是在立体环境下制作，主要是指通过立体影像匹配得到 DEM，这是数字微分纠正的基础。而采用单片微分纠正方法制作，实际上与采用全数字摄影工作站立体环境下制作并没有本质不同。主要不同是：因为数字微分纠正全部都是基于单片进行的，而数字微分纠正所需要的航摄像片外方位元素都是通过空中三角测量方法获取的。

4. 简述如何对本工程进行质量检查。

(1)所有数据文件的内容必须正确无误；

(2)定向精度(内定向、相对定向、绝对定向)必须符合要求；

(3)整幅图像清晰，色调均衡一致，视觉效果良好，模型接边处满足接边限差；

(4)图面整饰应完整、正确无误；

(5)局部抽查与数字线划图套合精度；

(6)DLG 在 DOM 的数学精度检测中具有极其重要的地位，套合叠加现有地形图，在影像图上和线划图上寻找同名点进行精度检查；

(7)利用影像处理软件对影像采用目视检查的方法查看影像是否清晰易读，色调、色差是否一致，整幅影像色彩是否失真，镶嵌线过渡是否自然，地物是否有明显错位、扭曲、重影等。

第六题参考答案

1. 在空间分析时，上述已有数据中哪些需要进行坐标系转换？

在空间分析时，对已有数据进行处理，分析系统全部采用 CGCS2000 坐标系。

(1)2019 年 8 月分蓄洪区地图数据，包括分洪区、安全区(属性包括类型、地址、管理人、联系电话等)、险段、堤防、居民点(属性包括名称、所属行政区名称、人口数、户数等)数据等，采用 1980 西安坐标系。

(2)2019 年县(区)级行政区划数据，包括行政代码、行政区名、辖区面积等属性，采用 1980 西安坐标系。

(3)2019 年 GPS 采集的重要公共场所点状数据，如学校、医院、车站等，属性包括名称、类型、门牌地址等，采用 WGS-84 坐标系。

以上这些数据都需要进行坐标系转换，转换为 CGCS2000 坐标系。

2. 采用空间分析方法查找离每一个受灾居民点最近的安全区，请简述分析步骤和方法。

采用叠置分析和网络分析的空间分析方法查找离每一个受灾居民点最近的安全区，步骤如下：

(1)数据利用：利用2019年8月分蓄洪区地图数据中的居民点(属性包括名称、所属行政区名称、人口数、户数等)数据，安全区(属性包括类型、地址、管理人、联系电话等)数据，县(区)级行政区划数据，2019年县(区)级行政区划数据。

(2)网络分析：根据居民点的名称和所属行政区名称确定该居民点在地形图上的对应位置，以该居民点为起点，依次计算该居民点到安全区的交通距离，距离最小者即为离该受灾居民点最近的安全区。

3. 简述在模拟分析分洪过程中，当洪水位达到20 m时，按县(区)统计可能淹没的农户数量的过程。

模拟分析过程如下：

(1)数据利用：利用2019年1∶10 000地形图数据、1∶10 000 DEM、县(区)级行政区划数据、2019年的居民点数据等。

(2)三维地形空间分析：以1∶10 000 DEM为基础，根据洪水位达到20 m，计算出高程小于20 m的DEM范围，即可能淹没范围。

(3)叠置分析：将地形图数据作为底图数据，将淹没范围数据、居民点数据、县行政区划数据和地形图数据作叠置分析，按县(区)统计得到可能淹没的农户数。

第七题参考答案

1. 简述全市粮食产量分布图的编绘流程。

全市粮食产量分布图的编绘流程如下：

(1)粮食产量分布图的资料收集、分析与利用；

(2)粮食产量地图内容、指标与表示方法的确定；

(3)地理底图的编绘；

(4)粮食产量分类、分级与图例拟定；

(5)轮廓界线(乡镇界)的确定与编制；

(6)地图符号、色彩和注记设计；

(7)图面配置设计与地图整饰；

(8)地图审校与验收。

2. 编图过程中如何使用所收集的资料？

(1)某市1∶50 000数字地图数据，现势性为2018年，包含乡镇级(含)以上境界线、水系、居民地、公路、铁路、地貌、地名等要素。作为全市粮食产量分布图的地理底图的基础资料。

(2)2020年初出版的该市1∶50 000交通旅游图，作为更新地理底图的交通要素的补充资料。

(3)《市行政区划地图集》(16开本)电子版数据，已更新镇级(含)以上行政区划、居民地、地名等要素至2019年。作为更新地理底图的境界线、居民地和地名的补充资料。

(4)2019年某市粮食产量统计资料。各乡镇粮食产量(包括总产量和粮食分类总产量、每亩单产量)是全市粮食产量分布图的专题要素的基础资料。

3. 如何编绘地理底图境界线和交通要素？

(1)境界要素编绘：利用《市行政区划地图集》(16开本)电子版数据，更新1∶50 000数字地图数据的乡镇级(含)以上行政区划、居民地、地名等要素至2019年。市界、县界、乡镇界，用不同粗细、不同形状的线状符号表示，不同等级的境界线重合时用高等级界线表示。底图境界用浅色的钢灰色表示，使境界处于视觉较低层次。

(2)交通要素编绘：利用2020年初出版的该市1∶50 000交通旅游图，更新1∶50 000数字地图数据的交通要素，选取高铁、高速公路、铁路、国道、省道等高等级道路，对选取后道路进行形状概括处理，如果有道路相互压盖现象，将低等级道路移位，或采用并线表示。底图所有道路用浅色的钢灰色表示，使道路处于视觉较低层次。

4. 简述全市粮食分布图中分级统计图和饼状专题统计图表的设计制作过程。

(1)用分级统计图法表示各乡镇粮食每亩单产量，采用科学的分级方法合理分级，用颜色的深浅表示粮食每亩单产量多少，颜色越艳越浓，表示粮食每亩单产量越高，颜色越浅越淡，表示粮食每亩单产量越低，颜色的级差要明显。

(2)用分区统计图表法表示各乡镇粮食总产量，饼状专题图表的尺寸表示粮食总产量多少，饼状专题图表的尺寸越大，粮食总产量越高，反之亦然。如果各乡镇粮食总产量相差太大，可以采用条件比率符号。饼状专题图表划分成6个部分，表示6个粮食分类专题构成。饼状专题图表应尽量放置在镇中心位置。

第八题参考答案

1. 交通专题地理数据采集的方法。

交通专题地理数据采集：以该市基础地理信息数据库为基础，局部地区的地理数据采集以ArcGIS为主，必要情况下可采用AutoCAD等软件辅助采集。

2. 简述以道路竣工图为道路交通数据进行更新的步骤。

以道路竣工图为道路交通数据进行更新的步骤如下：

(1)道路竣工图拼接，即每条道路竣工图分散为几个CAD文件，可以根据拼图线，将分散竣工图在AutoCAD中拼成一个完整道路的CAD绘图文件。

(2)拼接道路线的图层处理，即每个竣工图文件有几个图层，拼接后的CAD图形文件中图层信息混乱，需对图层进行相应的处理。

(3)提取、合并每条道路涉及的电子地图，在GIS中将所有的CAD文件合并为一整块该市的电子地图，然后根据所给道路桩号坐标在GIS上大致定位出这条道路涉及的电子地图图幅编号。

(4)竣工图与电子地图合并，打开每条道路线合并后的竣工图与相应电子地图，将道路交通数据更新成最新的竣工道路线数据。

3. 给出实现城市交通最优路径搜索功能的基本思路。

城市交通最优路径搜索功能的基本设计思路如下：

(1)建立具有拓扑关系的路网数据模型；

(2)给路网的路段赋予属性，包括长度、特征、限行等；

(3)建立路网的索引关系；

(4)获取各路段实时路况通行速度；

(5)采用最优路径算法计算两点间的长度最短路径和用时最短路径；

(6)最短路径的路网可视化表达。

仿真试卷十参考答案

第一题参考答案

1. 为了满足该城市精化似大地水准面的需要，原有的 2 个重力基本点远远不够，需要在此基础上建设一等、二等重力控制点，如何施测和测量？

首先在测区内布设一等重力点，然后布设二等点，再测加密重力。

一等重力应在 2 个基本点之间布设成附合或闭合路线，测段不超过 5 个，采用对称观测，一般用金属弹簧 LCR 测量，24 h 内闭合。

二等重力点可布设在基本点或一等点之间组成附合或闭合路线，不超过 4 个点，采用三程循环法石英弹簧 ZSM 仪器测量，36 h 内闭合。

重力点埋石通常在公路附近地基稳定、无震动和电磁干扰的便于永久保存地段。

2. 用框图表示似大地水准面计算流程。

似大地水准面计算流程如图 10-2 所示。

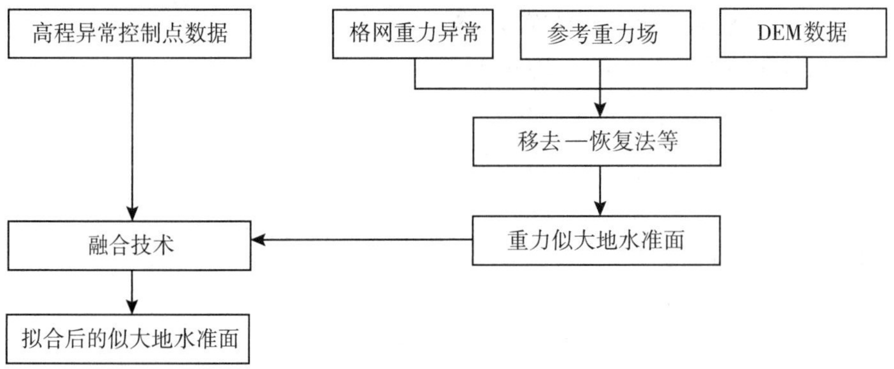

图 10-2

3. 在已建成的一等、二等重力控制网基础上，还须做加密重力测量，请问该城市总共需要多少个重力点才能满足精化最低的要求，还需要多少个 GPS 水准点？

城市大地水准面精化要求：

高程精度 5 cm；格网分辨率 2. 5′×2. 5′对应的距离为 4. 5 km×4. 5 km，每个格网中最少 1 个实测重力点，50 km×50 km 大致需要布设 124 个重力点(基本+一等+二等+加密)。

由 GPS 水准点最大间距公式：

$$d = 7.19\ m_{\zeta} c^{-1} \lambda^{1/2}(\mathrm{km}),\ c = 1.08(\text{山区})$$

得，

$$d = 7.19 \times 5 \times 1.08^{-1} \div \sqrt{2.5} = 52.63(\mathrm{km})$$

50 km×50 km 最少得 9 个；

为了对精化后大地水准面检验，一般需在此基础上增加若干(20 个)，间隔不超过 30 km。

4. 完成该市区域似大地水准面精化工作后应上交哪些成果资料？

完成该市区域似大地水准面精化工作后应上交的成果资料有：

(1)技术设计书；

(2)数据处理方案；

(3)GPS 观测数据成果；

(4)水准观测数据成果；

(5)高程异常控制点成果；

(6)区域似大地水准面模型成果；

(7)技术总结；

(8)精度检验报告；

(9)检查验收报告。

第二题参考答案

1. 简述本项目地下管线探测实施过程的内容。

本项目地下管线探测实施过程的内容主要是：

(1)资料搜集和踏勘；

(2)仪器检验与方法试验；

(3)技术设计；

(4)实地调查和仪器探查；

(5)控制测量；

(6)管线点测量；

(7)地下管线图编绘；

(8)地下管线数据库建立。

2. 计算本项目隐蔽管线点位置埋深较差(计算结果保留小数点后 2 位数字)。

由隐蔽管线点的埋设中误差计算公式：

$$m_v = \sqrt{\frac{[\Delta H_i \Delta H_i]}{2n}},$$

$$[\Delta\Delta] = 60\ \mathrm{cm}^2,$$

$n=15$，计算得隐蔽管线点位置埋深较差

$$m_v = \pm 1.41\ \mathrm{cm}。$$

3. 如何对本项目管线探测质量进行检验？

隐蔽管线点探查的水平位置偏差 ΔS 和埋深较差 ΔH，应分别满足：

$$\Delta S \leqslant 0.10 \times h$$

$$\Delta H \leqslant 0.15 \times h$$

式中：h 为管线埋深(cm)，当 $h<100$ cm 时，按 100 cm 计。

每个工厂必须在隐蔽管线点和明显点管线中分别按不少于总数 5%的比例，随机抽取管线点进行充分探测，检查其数学精度和属性调查质量。每个工厂应在隐蔽管线点中按不少于总数 1%的比例，且不应少于 3 个。随机抽取管线点进行开挖验证，检查管线的数学精度。

4. 本项目应提交哪些成果资料？

本项目应提交的成果资料有：

(1)技术设计书、技术总结；

(2)管线调查、探测资料；

(3)管线测量观测、计算资料；

(4)地下管线图、成果表；

(5)地下管线数据库；

(6)仪器检定和检校资料；

(7)检验报告、验收报告。

第三题参考答案

1. 规划测量部门进行小区建筑规划竣工测量的主要作业内容有哪些？

建筑规划竣工测量分为外业数据采集与内业资料整理，主要作业内容有：

(1)全野外 1∶500 数字地形图测绘，主要包括图根控制点布测，含地面及地下室、地形要素采集、内业成图、外业巡视自检等步骤。

(2)建筑高度量测：包括屋面女儿墙高度量测；屋面梯间，水塔等附属设施高度量测；屋面、斜屋面高度量测；技术层高度量测；半地下室，负层高度量测；内业编绘成图。

(3)建筑面积量测：外业测量建筑边长，不一样的每层都要测量；屋面、地下室均要实量；内业编绘图表并计算容积率。

(4)建筑占地面积量测：经外业检核无误后，内业提取绿地面积并计算容积率。

(5)机动车泊位测算：外业主要是清点地面、建筑底层、地下室机动车泊位。

(6)绿地面积量测：经外业检核无误后，内业提取绿地面积并计算绿地率。

(7)有成效外业拍照，立面材质，颜色配套等。

(8)地上和地下管线探测及地下管线建库。

(9)相关规划建筑竣工测量报告编制。

2. 本项目某幢建筑物，如图10-1所示，半地下室高度、半地下室室外高度、屋面高度、建筑高度分别是多少？

半地下室高度：1.5 m；

半地下室室外高度：2.1 m；

屋面高度：35.70 m；

建筑高度：35.70+0.6=36.3 m。

3. 如何进行竣工总平面图的编绘？

编绘竣工总平面图分三个步骤进行：

(1)选择图幅大小与确定比例尺；

(2)绘制底图；

(3)编绘竣工总图。

第四题参考答案

1. 本项目的桥梁变形监测的工作内容有哪些？

本项目的桥梁变形监测的工作内容有：

(1)桥梁墩台变形监测(包括垂直位移、水平位移监测)；

(2)塔柱变形监测(包括顶部水平位移监测、整体倾斜观测、周日变形观测、挠度观测、伸缩量观测)；

(3)桥面挠度观测；

(4)桥面水平位移观测。

2. 精密水准测量每站水准路线一般不超过60 m，当采用每千米观测高差中误差为±0.3 mm的精密水准仪进行观测，则每站(距离为60 m)高差中误差 $M_{站}$ 为多少？离基准点最远的监测点的差异沉降量的中误差 $m_{\Delta H}$ 为多少？

当采用每千米观测高差中误差为 $m=\pm0.3$ mm的精密水准仪进行观测，

则每站高差中误差

$$m_{站}=\pm0.3\text{ mm}\times\sqrt{0.06}=\pm0.073\text{ mm}$$

考虑到最不利的情况，由基准点到最远监测点的距离不超过600 m，大约10个测站($n=10$)，则离基准点最远的监测点的高差中误差

$$m_{\rm H}=m_{站}\sqrt{n}=\pm0.23\text{ mm}$$

由此可得出离基准点最远的监测点的差异沉降量的中误差

$$m_{\Delta H}=2m_{\rm H}=\pm0.46\text{ mm}$$

3. 简述本项目的监测实施方案。(提示：所用仪器、精度指标、观测方法及计算等)

本项目的监测实施方案简要叙述如下：

(1)塔顶水平位移及主梁挠度采用测角精度为±1″、测距精度为±(1 mm+1 ppm×D)的精密全站仪进行观测，观测时，在控制点上采用强制观测墩安置全站仪，每个监测点观测2个测回，并进行温度和大气压改正。

(2)基础沉降观测采用每千米观测高差为±0.3 mm的精密水准仪进行观测，每次观测均从基准点开始，再闭合到基准点，要求仪器、人员、观测路线固定。

第五题参考答案

1. 航空摄影技术设计书的主要内容有哪些？

航空摄影技术设计书的主要内容包括：

①任务来源；②摄区概况；③主要技术依据；④技术设计；⑤实施方案；⑥质量控制与保障；⑦成果整理与包装；⑧提交成果资料等。

2. 航摄摄影质量检查主要检查哪些内容？

对于胶片航空摄影和数字航空摄影，其摄影质量的检查内容不完全相同，以胶片航摄为例，其摄影质量检查主要包括以下内容：

(1)航摄底片的影像质量(包括反差是否适中、色彩是否逼真等)；

(2)像点位移(主要指模糊)；

(3)压平误差；

(4)底片框标、其他记录影像及表观质量检查；

(5)底片水洗质量检查(有无划痕等)。

对于数字航空摄影，其影像质量检查则主要包含上述第(1)和(2)项内容。

3. 对像片重叠度和像片旋偏角用什么方法检查？

(1)像片重叠度的检查方法：将相邻的两张像片按中心附近不超过2 cm距离的地物点重叠后，将重叠百分尺的末端置于第二张像片边缘，读取第一张像片边缘在重叠百分尺上的分划值，此值即为重叠度。如果航摄区为山区，则按相邻像片主点连线附近不超过1 cm距离的地物重叠，再将一张像片边缘的直线影像转绘到相邻像片上，所成曲线至像片边缘的最小分划值为最小重叠度。

(2)像片旋偏角的检查方法：首先在相邻两张像片上分别标出像主点的位置，然后按主点附近地物将两张像片重合，并将两主点分别标刺在相邻像片上，再用量角器分别量测出两张像片上的两主点间的连线与沿航线方向框标连线的2个夹角的角度，以其中较大的一个夹角为旋偏角。

4. 项目承担单位向项目委托单位移交的资料包括哪些？

对于胶片航空摄影，移交的资料主要包括：

(1)航摄底片、晒印的像片、像片索引图或像片中心点接合图、底片和像片(份数按合同规定提供)；

(2)航摄仪检定记录和数据；

(3)附属仪器记录数据和资料；

(4)成果质量检查记录、航摄检定表；

(5)各种登记表和移交清单；

(6)其他有关资料。

第六题参考答案

1. 1：2 000 地形图航空摄影测量中，对于外业航摄区域接合处的控制点，如何进行布设？

1：2 000 地形图航空摄影测量中，对于外业航摄区域接合处的控制点，应在航摄区域或航摄分区接合处，控制点应布设在航线重叠接合处，邻区尽量公用；不能满足公用要求时，应分别布点。

2. 当进行 1：2 000 地形图航空摄影测量时，在采用综合法测图时，对于像片图测图，需要补测的内容包括哪些？

当进行 1：2 000 地形图航空摄影测量时，当采用综合法测图时，对于像片图测图，需要补测的内容包括：影像上模糊的地物，被树木、建筑物等遮挡或阴影遮盖的地物，航摄时的水淹、云影地段，不满幅的自由图边，新增地物等。

3. 在本项目中，空三测量前需要进行像片控制测量，请简述像片控制测量成果的主要组成部分。

像片控制测量成果的主要组成部分分为三类：

(1)计算类成果，主要包括控制点点位联测略图、起始点成果、坐标换带计算、控制点成果、归心计算、方位角、边长反算、GPS 定位观测数据处理成果、电磁波测距导线计算、补点或引点的计算、高程平差计算等。

(2)控制像片正反面整饰成果。

(3)控制接边成果。

4. 根据采用的数学模型不同，解析空中三角测量有哪三种方法？简述它们的基本思想。

根据数学模型不同，解析空中三角测量方法分为航带法、独立模型法和光束法等三种。

(1)航带法处理的对象是一条航带的模型，它把许多立体像对所构成的单个模型连接成航带模型，然后把一个航带模型视为一个单元模型进行解析处理；

(2)独立模型法是把一个单元模型视为刚体，利用各单元模型彼此间的公共点连成一个区域，在连接过程中，每个单元模型只作平移、旋转和缩放；

(3)光束法是以一幅影像所组成的一束光线作为平差的基本单元，以中心投影的共线方程作为平差的基础方程。通过各个光线束在空间的旋转和平移，使模型之间公共点的光线实现最佳交会，并使整个区域最佳地纳入到已知的控制点坐标系统中。

第七题参考答案

1. 编制地图应该采用哪种资料作为基础数据？如何处理编辑这种资料？

2018 年的 1：5 万矢量地形图数据作为基础数据。数据处理方法如下：

(1)由于受到比例尺、图幅范围和载负量等的限制，交通旅游地图能反映的信息量有限，需要对地形图数据进行选取，选取后的矢量要素为：市界、县界、乡镇界、铁路、高速公路、国道、省道、一般公路、河流、水库、水渠，以及所选自然要素和人文要素的注记。

(2)由于地形图数据和新编交通旅游图的矢量数据地图投影不一致，需要对地形图数据进行地图投影变换。

(3)地形图数据是以 ArcGIS 格式存储的，而新编交通旅游图是在数字地图制图软件环境下进行编辑和符号化的，因此需将数据源的数据格式转换成数字地图制图软件所能接受的格式。

(4)经过数据格式转换、比例尺的缩小，在交通旅游图中各级道路难免会重叠在一起，这就需要对道路进行移位。对道路格网密度过大的区域，采取舍弃的方法。道路上的弯曲按比例尺不能表达时，要进行概括。

(5)河流与道路要素之间的关系处理。当其符号发生矛盾时，根据其固定程度确定移位次序，例如：道路与河流并行时，需保证河流的位置正确，移动道路的位置。

(6)河流与境界要素之间的关系处理。境界是以河流为分界线，或以河流中心线，或沿河流的一侧为界。这就需要对境界进行跳绘。

2. 编图过程中如何使用其他资料？

(1)2020 年全省行政区划简册：作为更新的行政区划界线，行政单位名称使用。

(2)2020 年分辨率 2 m 的全市卫星影像数据：作为更新道路、水系、居民地使用。

(3)2020 年出版的 1：15 万市交通图：作为更新道路参考使用。

(4)全市旅游和交通专题资料：作为专题要素制图的基础资料使用。

(5)2018 年更新的 1：5 万 DEM：用于地图上的数字地貌晕渲。

3. 简述专题要素的表示方法。

(1)用定点符号法表示旅游景点、宾馆、酒店、饭店、商场、车站、客运中心等专题要素。

(2)用线状符号法表示交通道路、旅游道路等专题要素。

(3)用范围法表示旅游度假区、风景名胜区、自然保护区等专题要素。

第八题参考答案

1. 地理实体数据的数据内容包括哪些？

地理实体数据包括基本地理实体和扩展地理实体两类。

(1)基本地理实体是指能够比较方便地从基础地理信息数据成果中提取整合的实体对象，包括境界实体、政区实体、道路实体、铁路实体、河流实体、房屋实体、院落实体等。

(2)扩展地理实体由地理实体生产部门及应用部门根据具体数据源及应用情况而定义并整合，但必须遵循《地理信息公共服务平台　地理实体与地名地址数据规范》定义的概念数据模型。

2. 地名地址数据用地理位置标志点来表达，地理位置标志点的定义规则有哪些?

地名地址数据以地理位置标志点来表达，地理位置标志点的定义规则有：

(1)区域实体地名的地理位置标志：包括行政区划的政治、经济、文化中心所在地的点位，行政区划内标志性建设物的点位，面状区域的重心点点位；

(2)线状实体地名的地理位置标志：包括线状实体中心点的点位，线状实体中心线系列点的点位，线状地物(河流、山脉等)的标志点；

(3)局部点的地理位置标志：门(楼)址标牌位置或建筑物任意内点的点位，标志物中心点的点位，兴趣点门面中心点或特征点的点位，自然地物的中心点或标志点。

3. 在电子地图数据生产过程中，地图数据的处理内容有哪些?

在电子地图数据生产过程中，地图数据的处理内容主要包括地图分级、地图表达以及地图瓦片规格与命名等。

(1)地图分级。

按照显示比例尺或地面分辨率一般将地图分为 20 级。制作电子地图时，每级要素内容选取应遵循以下原则：

①在每级地图的地图载负量与对应显示比例尺相适应的前提下，尽可能完整保留数据源的信息。

②下一级别的要素内容不应少于上一级别，即随着显示比例尺的不断增大，要素内容不断增多。

③要素选取时应保证跨级数据调用的平滑过渡，即相邻两级的地图载负量变化相对平缓。影像数据应根据影像分辨率的不同，按照相应层级的地面分辨率进行分级对应。

(2)地图表达。

不同显示比例下符号与注记的规格、颜色和样式，以及电子地图配图应按《地理信息公共服务平台电子地图数据规范》(CH/Z 9011—2011)进行。如遇未涵盖要素，可自行扩展符号或注记，但样式风格应协调一致。

(3)地图瓦片。

地图瓦片分块的起始点从西经 180°，北纬 90°开始，向东向南行列递增。瓦片分块大小为 256×256 像素，采用 PNG 或 JPG 格式。地图瓦片文件数据按树状结构进行组织和命名。

仿真试卷十一参考答案

第一题参考答案

1. 如果按每幅图最少需要 4 个图根控制点的要求，计算测区需要布设图根控制点的最少个数。

一幅 50 cm×50 cm 的 1∶2 000 图的面积是 1 km^2，测区面积为 80 km^2，共有 80 幅图。

需要布设图根控制点的最少个数：

80×4＝320(个)。

2. 试述地形图内业检查的内容。

地形图内业检查内容如下：

(1)检查图根点的观测、记录和计算是否有误。

(2)检查闭合差及各种限差是否符合规定限值。

(3)检查符号运用是否恰当，等高线构绘是否有错误。

(4)检查图边拼接误差是否符合限差要求。

(5)检查图中使用的图式和注记是否正确。

3. 项目完成后应提交哪些成果?

提交成果资料如下：

(1)技术设计书、技术总结。

(2)图根观测数据、计算资料、成果表。

(3)地形图成果，图幅接合表。

(4)仪器检定和检校资料。

(5)检查报告，验收报告。

第二题参考答案

1. 航空摄影项目包括哪些内容?

主要包括航摄空域的申请、编写航空摄影技术设计书、航空摄影机的选择、航摄比例尺的选择、航摄分区的划分、航空摄影、影像处理、成果质量检查和成果整理与验收等。

2. 航空摄影技术设计书包括哪些内容？

航空摄影技术设计书包括任务来源、摄区概况、主要技术依据、技术设计、实施方案、质量控制与保障、成果整理与验收、提交成果资料等内容。

3. 根据案例计算以下摄影参数：摄影基准面、相对航高、绝对航高、航摄分区数。

摄影基准面：$h_{基} = (h_{高}+h_{低})/2 = (315+25)/2 = 170\ \text{m}$

相对航高：$h_{相对} = m \times f = 20\,000 \times 152 \times 0.001 = 3\,040\ \text{m}$

绝对航高：$h_{绝对} = h_{相对} + h_{基} = 3\,040 + 170 = 3\,210\ \text{m}$

航摄分区数：该区的高差为344-8=336 m，小于相对航高3 040 m的1/4，该区只需一个摄区。

4. 航摄飞行质量检查主要检查哪几个方面？

飞行质量检查主要检查内容包括：像片重叠度、像片倾斜角、像片旋偏角、航线弯曲度、航高保持、摄区(分区、图廓)覆盖保证、图幅中心线和旁向两相邻图幅公共图廓线敷设航线的飞行质量、控制航线(构架航线)、漏洞补摄和飞行记录填写等。

第三题参考答案

1. 简述变形测量实施的程序与要求。

(1)根据变形测量的要求和环境条件，制定监测方案。针对监测内容和目的，布设基准点、工作基点和监测点。以本案例来说，基准点须稳定、可靠，采用有强制归心装置的观测墩，数量各不得少于3个，并应定期检测；工作基点设置在监测范围中部的隧道侧墙上，由托架支撑，左出入段线和左线各设置1个；全段线共布设6个观测断面，断面间距20m，每个断面的道床上布设2个监测点，采用小规格反射棱镜，面向工作基点。

(2)按确定的观测周期与总次数，采用精度满足监测要求的仪器进行观测。首期应连续进行两次独立测量，满足要求时取均值作为初始值。监测期间，若数据出现异常，首先排查数据的可靠性，无误后按规定要求进行预警并加强监测。

(3)对各周期观测成果及时处理，并选取与实际变形情况接近或一致的参考系进行严密平差计算和精度评定。对重要的监测成果，进行变形分析，并对变形趋势作出预报。

2. 简述全站仪自动跟踪测量的主要技术要求。

(1)测站应设立在基准点或工作基点上，并采用有强制对中装置的观测台或观测墩；测站视野应开阔无遮挡，周围应设立安全警示标志；同时应具有防水、防尘设施。

(2)监测体上的变形观测点宜采用观测棱镜，距离较短时也可采用反射片。

(3)数据通信电缆宜采用光缆或专用数据电缆，并应安全敷设，连接处应采取绝缘和防水措施。

(4)作业前应将自动观测成果与人工测量成果进行比对，确保自动观测成果无误后，方能进行自动监测。

(5)测站和数据终端设备应备有不间断电源。

(6)数据处理软件，应具有观测数据自动检核、超限数据自动处理、不合格数据自动重测的功能，并且还具有观测目标被遮挡时，可自动延时观测处理和变形数据自动处理、分析、预报和预警等功能。

3. 监测项目的变形分析有哪些内容？

监测项目的变形分析，涉及变形的几何分析和变形的物理解释。对于较大规模的或重要的项目，宜包括下列内容，对于较小规模的项目，至少应包括以下前三项内容：

(1)测成果的可靠性。

(2)测体的累计变形量和两相邻观测周期的相对变形量分析。

(3)相关影响因素(荷载、气象和地质等)的作用分析。

(4)回归分析。

(5)有限元分析。

第四题参考答案

1. 简述该房产测绘工程的具体工作内容。

该房产测绘工程的具体工作内容包括：对竣工测量成果进行检核，房产信息数据采集(房产调查)，房产要素测量，房产图绘制，房产面积测算，成果资料的检查与验收。

2. 检查人员在检查工作中发现，作业人员将一个层高为2.20 m的设备层、临街用作人行道路通行的有柱通廊计算了全部建筑面积。该作业人员的做法是否正确，并简述原因。

房屋建筑面积系指房屋外墙(柱)勒脚以上各层的外围水平投影面积，包括阳台、挑廊、地下室、室外楼梯等，且具备上盖，结构牢固，层高2.20m以上(含2.20m)的永久性建筑。因此，层高2.20m的设备层计算全部建筑面积的做法是正确的。

《房产测量规范》规定，临街楼房、挑廊下的底层作为公共道路街巷通行的，不论其是否有柱，是否有维护结构，均不计算建筑面积。因此。临街用做人行道路通行的有柱通廊计算了全部建筑面积的做法不正确。

3. 房产要素测量检查的内容有哪些？

房产要素测量检查的内容包括：测量的要素是否齐全、准确，对有关地物的取舍是否合理；是否逐幢测绘，不同产别、不同建筑结构、不同层数的房屋是否分别测量；独立成幢的房屋是否以房屋四面墙体外侧为界测量；毗连房屋墙体，是否在房屋所有人指界下，区分自有、共有或借墙，以墙体所有权范围为界测量；房屋边长丈量部位是否准确，分户房屋权界线划分是否正确；房屋附属设施测量中，各房屋特征部位、附属设施是否按标准规定实施。

第五题参考答案

1. 像控点布设应满足哪些要求？像控点测量应使用什么技术方法？

(1)像控点布设要求：

①像控点的目标影像应清晰易判别，控制点应设在航向及旁向六片重叠范围之内；

②像控点应距离像片边缘不小于 0.5 cm，控制点应选在旁向重叠中线附近；

③应尽量公用，位于自由图边、待成图边等图边控制点，一律布设在图廓线外；

④在平面和高程两方面考虑均匀分布；

⑤可利用地物特征点如水泥路交点。

(2)像控点测量方法：宜使用 GNSS-CORS 技术方法测定像控点平面坐标，使用 GPS 高程拟合方法或水准测量方法测定像控点高程。

2. 航测影像地面分辨率应不低于多少？影像质量有什么要求？

(1)航测影像地面分辨率应不低于 0.1m。

(2)影像质量要求影像清晰、色调均匀、层次丰富；层次分明、颜色饱和、反差适中；不偏色、无色斑；清晰、真实自然、无显著噪声；整洁。

3. 简述生产 1∶1 000 DLG 的工作流程。

生产 1∶1 000 DLG 工作流程如下：①资料准备；②技术设计；③预处理资料；④像控点布设测量；⑤低空航测(部分区域三维激光扫描测量)；⑥空中三角测量；⑦模型制作融合拼接；⑧三维测图；⑨外业调绘补测；⑩内业编辑与质量检查；⑪成果整理与提交。

4. 列举利用软件计算土石方量的两种方法，并简述其中一种方法的工作流程。

方法 1：对已有纸质地形图进行数字化，构建三维模型 1；利用 ArcGIS 软件空间分析功能把测制的现状三维模型和模型 1 进行叠加，计算土石方量。

方法 2：对已有纸质地形图进行数字化制成 DLG 并生成 DTM 三角网文件，对测制的现状 DLG 生成 DTM 三角网文件，利用南方 CASS 软件土石方量计算功能把前后三角网文件叠加计算。

第六题参考答案

1. 简述本次应急测绘保障工作中，需要使用到的设备和数据，并说明其用途。

使用中国北斗提供的高精度定位信号接口服务，为测绘无人机、RTK 等设备提供免费的、高精度定位信号。

使用该地 2020 年基础地理信息数据，制作汛情互助地图服务系统的基础地理底图数据。

使用测绘无人机及 RTK 设备、高性能图形计算工作站，用于进行应急测绘，快速制作该地正射影像数据。

使用该地数字政府服务平台，向公众发布汛情互助地图服务系统，提供应急救助信息、避险信息的发布与对接服务。

使用 2020 年该地 POI 数据，为汛情互助地图服务系统提供位置信息和民生生活基本需求信息服务。

2. 为满足业务需要，请设计汛情互助地图服务系统的求助信息发布功能所包括的字段信息，并指出其数据来源、限制条件。

求助信息发布功能，主要包括的字段有位置、联系电话、描述、主键 ID、发布时间。

位置字段，结合地址的文字描述，通过 POI 数据、基础地理信息数据，以图文交互的方式，由用户填写或在地图上定位获取。对于该地行政区范围外的位置信息，不予以提供定位服务。

联系电话字段，由用户填写。允许填写手机或固定电话号码。该字段需要检查电话号码的位数。

描述字段，由用户填写，字段长度限制在 1 024 个字符左右。

主键 ID，由系统自动生成，全局唯一。

发布时间，由系统自动生成，精确到秒，以 yyyy-MM-dd HH：mm：SS 的形式记录。

3. 简述制作路网淹没分析图的过程。

利用该地 2020 年基础地理信息数据，提取路网信息数据。

利用无人机采集的影像数据，经影像匀光匀色、图像接边处理后的正射影像，提取水体区域范围数据。

最后，将路网数据和水体范围数据进行叠置，制作成路网淹没分析图数据。

第七题参考答案

1. 简述在线地理信息数据的主要形式。

在线地理信息数据主要包括地理实体数据、地名地址数据、电子地图数据。

2. 简述电子地图数据处理的基本要求。

当前我国网络电子地图遵循的技术标准是《地理信息公共服务平台电子地图数据规范》。该标准规定了网络服务电子地图数据的坐标系统、数据源、地图瓦片、地图分级及地图表达，适用于电子地图数据的制作、加工、处理、地图瓦片的制作以及地图瓦片文件数据交换。

在电子地图数据生产过程中，需要特别注意的是地图分级、地图表达以及地图瓦片规格与命名等。

网络地图数据处理包括地图数据分级、地图瓦片规格与命名和地图表达。

(1)地图数据分级：

为了保证地图内容详细程度(载负量)与显示比例尺相适应，按照显示比例尺或地面分辨率将地图分为许多级。以天地图为例，将地图数据分为 20 级。在分级数据处理过程中，每级要素内容选取应遵循以下原则：

①每级地图的地图载负量与对应显示比例尺相适应的前提下，尽可能完整保留数据源的信息。

②下一级别的要素内容不应少于上一级别，即随着显示比例尺的不断增大，要素内容不断增多，而且上一级有的要素内容下一级别必须有。

③要素选取时应保证跨级数据调用的平滑过渡，即相邻两级的地图载负量变化相对比较

平缓。

(2)地图瓦片：

为了加快网络地图显示速度，按照一定的规则将一整地图切割成不同级别的系列图片。地图瓦片分块的起始点从西经 180°、北纬 90°开始，向东向南行列递增。瓦片大小为 256×256 像素，采用 PNG 或 JPG 格式。地图瓦片文件数据按树状结构进行组织和命名。

(3)地图表达：

不同显示比例下符号与注记的规格、颜色和样式，配图应按《电子地图规范》进行。地图数据生产中，如有《地理信息公共服务平台　电子地图数据规范》(CH/Z 9011—2011)未涵盖的要素，可扩展符号或注记，但样式风格应协调一致。

3. 简述公众版在线地理信息数据的位置精度要求、影像分辨率要求。

公众版数据运行于互联网或国家电子政务外网环境，须符合国家地理信息与地图公开表示有关规定，包括数据内容与表示、影像分辨率、空间位置精度共三个方面。

公众版数据的影像分辨率要求：即空间位置精度不得高于 50 m，影像地面分辨率不得优于 0.5 m，不标注涉密信息、不处理建筑物、构筑物等固定设施。

所有类型的公众版数据的空间位置精度：位置精度不高于 50 m，等高距不小于 50 m，数字高程模型格网不小于 100 m。

4. 请根据上述数据资源情况做出该区域电子地图数据、地名地址数据生产方案，包括数据源利用方案、电子地图分级方案、地理实体数据内容方案等。

(1)利用道路骨干网数据和 POI 数据对全区域 1：1 万、a 市和 b 市郊区 1：5 000、A 市 1：1 000、B 市 1：500 数字地形图进行更新，使所有数据集中的道路骨干网、POI 的现势性都达到 2020 年。

(2)利用更新后的数字地形图数据进行 15~17 级电子地图数据生产。其中，A 市建成区使用更新后的是 1：1 000 数据，B 市建成区使用更新后的是 1：500 数据，A 市和 B 市郊区使用更新后 1：5 000 数据，其余区域使用 1：1 万数据。

在数据生产过程中，依据《地理信息公共服务平台 电子地图数据规范》(CH/Z 9011—2011)进行内容提取、模型重构、规范化处理、一致性处理，然后依据公众版数据处理要求进行脱密处理，最后再根据电子地图分级(省级为 15~17 级)进行不同级别电子地图的内容组合、符号化表达、地图整饰、地图瓦片生产。

第八题参考答案

1. 制作 1：2 000 DLG 需要采用哪些资料和仪器，并说明其用途。

(1)已获取该县 2016 年 8 月 1：1 000 比例尺 DLG，包括城镇居名点、道路交通、水系、地质地貌植被、界线等全部的数据。用途：缩小到 1：2 000，把镇居名点、道路交通、水系、土质植被，界线等全部的数据经过制图综合、数据编辑处理，形成 1：2 000 DLG 数据。

(2)已获取该县 2019 年 8 月 1：2 000 DEM，间距 2m。用途：制作 1：2 000 DOM 时，用 DEM 改正高山地区的高度。

(3)2019 年 9 月的 0.2m 高分辨率多光谱影像数据(红、绿、蓝、近红外)，2019 年 7 月的 0.2m 高分率全色卫星影像数据。用途：制作彩色的 1：2 000 DOM，利用它和处理好的 1：2 000 DLG 数据进行对比，发现地图要素变化的地方，提供地图数据的更新依据。

(4)全站仪用于测量地理坐标；水准仪测量高程；GNSS 测定坐标点，CASS 测图软件处理地形图数据，制作 1：2 000 DLG。

2. 简述该县城镇、道路的更新方法。

更新该县城镇、道路的方法如下：利用彩色的 1：2 000 DOM 对 2019 年 9 月以前的该县城镇和道路进行更新，然后利用全站仪、GNSS 等对 2019 年 9 月以后的该县城镇和道路进行外业测量更新。

(1)县城镇居民地：密集的地区采用块状面积形式，稀疏的地区较大的采用面状符号，较小又不得不表示的居民地，采用普通房屋符号表示；要注意正确反映县城镇居民地形状特征、分布范围、街区形状。

(2)对于较窄的低等级道路，在外业测量中采集其中线，并采集道路的宽度。对于高等级双线道路，则采集道路中线和轮廓线。注意正确反映道路弯曲特征，确保道路位置的准确性。

3. 简述 1：2 000 DLG 分层数据在地理国情普查中的用途。

1：2 000 DLG 可作为地理国情普查次国土调查图斑边界判定、图斑地类解译的重要参考数据，用于提升原数据库图形精度。在 1：2 000 DLG 数据中，主要用到了道路、植被、水系和居民地等要素。各地物要素的利用方法如下：

(1)道路要素：

DLG 道路要素主要包括铁路、公路、农村道路、田间小路等，各要素采集为线图层，分层表示，成果未闭合构面。由于 DLG 数据精度较高，且道路要素种类丰富，实现了对不同宽度道路的全要素采集，道路中线的位置和走向精确。对 DLG 道路图层的利用，提取对应的 DLG 道路中线，作为道路精确定位定向的基础矢量，再结合影像特征进行缓冲，构建道路图斑。

(2)植被要素：

DLG 植被要素包括水田、旱地、园地、林地、草地等五种地类，其中，水田无最小上图面积，其余各地类最小上图面积均为 100 m^2。各植被要素沿地物界线精确采集为面状，耕地图斑分块表示。由于 DLG 地类判定是以内业判读结合外业抽样调查综合确定，未开展全野外实地调绘，因此，DLG 地类仅用作内业判读参考，不作为地类认定依据。基于 DLG 植被要素边界采集精确，图斑位置、边界走向等与高分影像特征匹配较好，实现农用地图斑边界精度提升。

(3)水系要素：

DLG 水系要素主要包括河流、沟渠、湖泊、水库、坑塘等，采集为面。水系要素是沿水面实际范围精确采集，不包含土地利用分类中应归并的各类堤坝、护坡、常水位线以下的河道、渠槽、行树等水系附属用地。利用 DLG 河流、沟渠图斑作为水系线状地物图斑化的基础数据，结合影像特征构建水系图斑；利用 DLG 湖泊、水库、坑塘图斑，结合影像特征，对不符合上图标准或综合范围过大、过小的坑塘，开展图斑综合取舍工作，完成水系图斑边界的精度提升。

(4)居民地要素：

DLG中，居民地要素主要是指房屋。作为农村地籍发证的基础数据，房屋是DLG数据采集的重点要素，精度较高，根据空间立体采集方法，沿屋顶范围逐栋采集，分个表示为面。

DLG居民地图层的利用：一是实现零星建设用地的图斑化；二是辅助城镇村内部土地利用图斑勾绘；三是用于协调处理房屋图形及居民地附属用地的空间关系，按照土地利用分类标准，对居民地进行适当综合取舍。同时，应使图形边界相对平滑，尽量避免居民地图形的锯齿状轮廓，提升居民地图形精度。

仿真试卷十二参考答案

第一题参考答案

1. 简述制作退耕还林工作的基础底图、基础底数的数据处理过程。

采用2015年1∶25万DLG数据，套合2020年Landsat8彩色合成处理后的遥感影像，发现有变化的地图要素，并更新这些发生变化的地图要素，形成退耕还林工作的基础底数。

将更新后的、现势性达到2020年的基础底数数据，与经彩色合成处理后的、现势性达到2020年的Landsat8遥感影像，进行数据融合、数据编辑处理形成基础底图。

2. 简述统计各乡镇街道满足退耕还林要求的小班数据面积的作业步骤。

采用更新后的、现势性达到2020年的1∶25万DLG数据中的等高线数据进行地形分析，提取坡度，获得坡度大于25°区域范围数据。然后，将该区域范围数据与耕地分布现状矢量数据，进行叠置分析，获取坡度大于25°需要退耕还林的小班数据。

采用1∶25万DLG数据中的海岸线数据进行单向的缓冲区分析，获取海岸线沿线6 000 m以内的区域范围数据；使用1∶25万DLG数据中的等高线数据进行地形分析，提取高程信息，查找出高程大于60 m的数据区域。然后，将上述两个数据区域，同时与耕地分布现状矢量数据，进行叠置分析，获取沿海地区高程大于60m的需要退耕还林的小班数据。

利用2020年该市乡镇街道行政区划矢量数据，和上述获得需要退耕还林的小班数据，通过叠加分析、表间交叉赋值，按照乡镇街道行政单元对退耕还林小班数据面积进行分析统计，获取各乡镇街道符合退耕还林要求的小班数据面积。

3. 项目二期计划采用PDA等移动互联网技术手段，对退耕还林小班数据成果进行更新。请简述有关数据更新的作业流程。

在内业数据分发阶段，通过最新遥感影像、基础地理信息矢量数据、退耕还林小班数据，勾绘出发生退耕还林数据变化的区域范围。

在外业处理阶段，依靠PDA等移动设备，核查退耕还林小班数据的变化区域范围，依据实际情况编辑小班的区域边界、字段属性，自动生成小班面积。

在内业数据处理阶段，使用GIS软件对待更新的小班成果数据进行拓扑检查、图形数据编辑处理，防止更新后的小班数据交叉重叠。

第二题参考答案

1. 用框图表示航空摄影测量法的 DEM 生产流程。

利用航空摄影测量方法生产 DEM 的流程如图 12-1 所示。

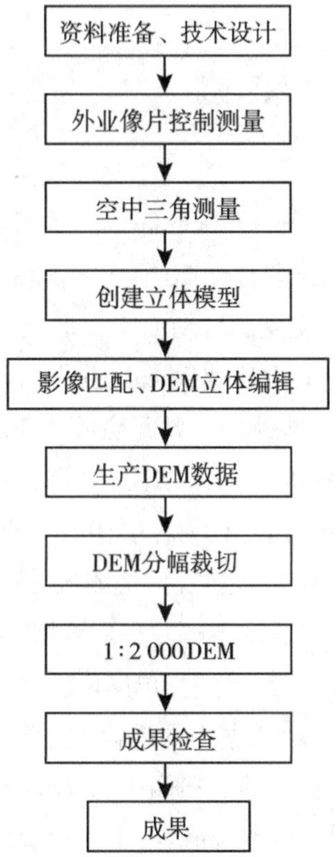

图 12-1

2. 简述 DEM 建立的主要技术环节。

DEM 建立主要内容涉及资料准备、技术路线设定、定向建模，采集特征点线、构建 TIN、内插 DEM、DEM 编辑、接边、镶嵌、裁切、质量检查及成果提交等技术环节。

3. 简述 DEM 生产成果质量检查中空间参考系检查和高程精度检查的主要内容。

(1)DEM 生产成果质量检查中的空间参考系检查主要涉及大地基准、高程基准、地图投影等三个方面。

(2)DEM 生产成果质量检查中的高程精度检查主要包括格网点高程中误差检查、特征点线高程精度检查和相邻 DEM 数据文件同名格网高程值接边检查两项。

4. 项目承担单位认为测绘单位提交的成果不完整，请将测绘单位需提交的成果补充完整。

测绘单位除需要提交 DEM 数据文件、质量检查报告、技术总结报告外，还需要补交如下成果资料：

(1)原始特征点、线数据文件。

(2)元数据文件。

(3)DEM 数据文件接合表。

(4)质量检查记录。

第三题参考答案

1. 航摄仪在哪些情况下必须进行检定？检定的项目有哪些？

满足下列情况之一者应进行检定：①距前次检定时间超过 2 年；②快门曝光次数超过 20 000 次；③经过大修或主要部件更换以后；④在使用或运输过程中产生剧烈震动以后。

航摄仪检定项目：①航摄仪主距；②物镜径向畸变差；③最佳对称主点坐标；④自准直主点坐标；⑤CCD 面阵坏点。

2. 根据给出的摄区基本资料，试计算以下参数：摄影基准面、相对航高、绝对航高、能满足规范要求的最小分区数、摄区最高点和最低点的重叠度、摄区估算航片数及模型数。

根据题意，各参数计算如下：

(1)摄影基准面：$h_{基} = (h_{高}+h_{低})/2 = (39+201)/2 = 120$ m

(2)相对航高：$h_{相对} = m \times f = 8\,000 \times 120 \times 0.001 = 960$ m

(3)绝对航高：$h_{绝对} = h_{相对} + h_{基} = 960 + 120 = 1\,080$ m

(4)根据规范要求，当航摄比例尺小于 1 ∶ 7 000 时，分区内地形高差不得大于相对航高的 1/4。本测区的高差为：201−39 = 162 m，小于航高 960 m 的 1/4，故只需一个摄区。

(5)最高点航向重叠 = 0.65+(1−0.65)×(120−201)/960 = 62%

最低点航向重叠 = 0.65+(1−0.65)×(120−39)/960 = 68%

最高点旁向重叠 = 0.30+(1−0.30)×(120−201)/960 = 24%

最低点旁向重叠 = 0.30+(1−0.30)×(120−39)/960 = 36%

(6)摄影基线长 = 92×(1−0.65)×8 000 = 257.6 m

航线间隔宽 = 166×(1−0.30)×8 000 = 929.6 m

每条航线像片数 = 30 500/257.6 = 119 张

航线条数 = 13 000/929.6 = 14 条

摄区像片总数 = 14×119 = 1 666 张

摄区模型总数 = 1 666−14 = 1 652 个

3. 航摄项目成果质量检查主要包括哪些方面？

航摄项目成果质量检查主要包括像片重叠度、像片倾斜角、像片旋偏角、航线弯曲度、航高保持、航摄范围覆盖、航线偏差、航摄漏洞、影像质量等。

第四题参考答案

1. 变更地籍测绘工作中，界址发生变化的宗地如何进行界址测量？

变更地籍测绘一般采用解析法，测量人员应首先检测原控制点及界址点的精度，确认无误后再进行变更测量。对界址发生变化的宗地进行变更地籍测绘，在增设新界址点前，应利用原有宗地草图测绘数据及界址点坐标，检查原界标是否移动或丢失。如有移动、丢失情况，需要恢复界标，然后取得有关指界人同意后埋设新界标。对废弃的界址点不需恢复。对新增宗地的变更地籍测绘，若利用原测绘数据资料，应对原资料进行检查。

2. 外业数据检查后，发现原界址点坐标超过了允许误差，直接用检查点坐标是否准确？请说明理由。

不准确，发现原界址点坐标超过了允许误差，不能直接用检查点坐标。理由如下：

界址点检查以原地籍调查表、宗地图和界址点坐标为依据。检查的内容主要有：检查界标是否完好，复量各堪丈值，检查它们与原堪丈值是否相符，并根据不同的情况进行处理。

(1)原堪丈数据有明显错误，则可以修改；

(2)复量值与堪丈数据的差数超限，则用红线划去原数据，写上新数据；

(3)如果分析结果是界标移动造成，则使界标复位。

3. 变更地籍测绘工作中，地籍测绘成果资料的变更包含哪些内容？

变更地籍测绘成果资料有宗地面积变更、地籍图及宗地图变更、界地点坐标册变更、面积汇总表和统计表变更。

4. 试用文字简述制定土地权属调查工作中地籍测绘的工作流程，并简要说明每一个环节的主要工作。

变更地籍测绘的技术、方法与初始地籍测绘相同。地籍测绘主要包括地籍控制测量、基本地籍图测绘、界址点测量、宗地图编制、宗地面积量算、质量检查和成果提交共7项工作。

(1)地籍控制测量：包括地籍平面控制测量和地籍图根控制测量两项主要工作内容。

(2)基本地籍图测绘：包括基本地籍图测绘和基本地籍图的编制两项主要工作内容。

(3)界址点测量：包括界址点位置的确认和野外界址点测量的实施两项主要工作内容。

(4)宗地图编制：宗地图是土地证书和宗地档案的附图，一般用32开、16开、8开纸，从基本地籍图上裁切获取，宗地过大或过小时可调整比例尺，一般采用1∶200、1∶500、1∶1 000、1∶2 000等。宗地图的制图标准依据相关的地籍图图式。

(5)宗地面积量算：一般是以外业实地测量的界址点坐标为依据，采用规范(或技术设计)要求的计算方法，界址线边长的计算结果以米为单位，按四舍五入的原则取值到小数点后一位；面积计算单位为平方米，计算结果按四舍五入的原则取值到小数点后一位。

(6)质量检查：主要包括地籍平面控制检查、基本地籍图检查、界址点检查、宗地图检查以及面积计算检查。

(7)成果整理与提交：①技术设计书；②地籍平面控制成果(包括原始手簿、计算书、各级控制点成果表等)；③基本地籍图；④宗地图；⑤界址点成果表(包括宗地面积计算书)；⑥质量检查报告、技术总结报告。

第五题参考答案

1. CP Ⅰ、CP Ⅱ、CP Ⅲ分别代表什么控制网？CP Ⅲ平面测量采用什么方法完成？

CP Ⅰ代表基础平面控制网，CP Ⅱ代表线路平面控制网，CP Ⅲ代表轨道控制网。

CP Ⅲ平面测量采用自由测站边角交会法施测，CP Ⅲ平面网应附合于CP Ⅰ、CP Ⅱ控制点上，每600m左右(400~800m)应联测一个CP Ⅰ或CP Ⅱ控制点，自由测站至CP Ⅰ、CP Ⅱ控制点的距离不宜大于300m，CP Ⅲ点应设置强制对中标志。

2. 如何克服CP 0边长变形的影响而获得CP Ⅰ控制网平面直角坐标？

根据独立坐标系投影带的划分，将CP Ⅰ控制网的空间直角坐标分别投影到相应的平面坐标投影带中，计算CP Ⅰ控制点的工程独立坐标。

3. 计算经球气差改正后C、D两点间高差。

对向观测，根据

$$h_{CD}=\frac{S1\sin\alpha_{CD}-S2\sin\alpha_{DC}}{2}+\frac{1}{2}(i_1+l_1)-\frac{1}{2}(i_2+l_2)$$

得

$$h_{CD1}=70.563\ \text{m}$$

$$h_{CD2}=70.565\ \text{m}$$

$$h_{CD}=70.564\ \text{m}$$

4. 判断C、D两点间两组对向观测高差的平均值较差能否满足四等三角高程测量精度要求。

$$\Delta h=70.563-70.565=-0.002\ \text{m}$$

四等三角高程测量两组对向观测高差的平均值较差限差：

$$\Delta h_{限}=\pm20\sqrt{D}=\pm16.1\ \text{mm}$$

$$\Delta h<\Delta h_{限}(合格)$$

第六题参考答案

1. 针对该幢大楼水平位移监测可选用哪些方法进行观测？对于水平位移变形监测点的布设位置有何要求？

针对该幢大楼水平位移监测可选用GPS测量或全站仪进行。GPS测量观测精度高，个别地方接收机信号较差，影响观测。全站仪可直接测量坐标，操作简单，受观测环境影响需多次迁站。

变形观测点，应设立在变形体的地基、基础、场地及上部结构等能反映变形特征的敏感位置。水平位移变形监测点应布设在：

(1)建筑物的主要墙角和柱基上以及建筑沉降缝的顶部和底部。

(2)当有建筑裂缝时，还应布设在裂缝的两边。

(3)大型构筑物的顶部、中部和下部。

2. 监测项目的变形分析包括哪些内容？

对于较大规模的或重要的项目，监测项目的变形分析应包括下列内容；较小规模的项目，至少应包括第（1）~(3)项的内容。

(1)观测成果的可靠性。

(2)监测体的累计变形量和两相邻观测周期的相对变形量分析。

(3)相关影响因素(荷载、气象和地质等)的作用分析。

(4)回归分析。

(5)有限元分析。

3. 拟采用 DINI03 电子水准仪以二等水准测量进行水准路线布设时，每个测站观测有哪些技术要求？

二等水准采用电子水准仪观测时，测站观测限差有：标准视线长≥3m 且≤50m，前后视距差≤1.5m，任一测站上前后视距累计差≤6.0m，视线高度≥0.55m 且≤2.8m，数字水准仪重复测量次数≥2 次。

4. 计算该水准路线每千米水准测量偶然中误差 m_Δ，并判断是否满足二等水准测量精度要求。

根据

$$m_\Delta = \pm\sqrt{\frac{1}{4N}\left[\frac{\Delta\Delta}{L}\right]}$$

计算，得

$$m_\Delta = \pm 0.18\ \text{mm} < \pm 1\ \text{mm}$$

满足二等水准测量精度要求。

第七题参考答案

1. 用框图表示数字正射影像图的生产流程。

数字正射影像图的生产流程如图 12-2 所示。

2. 试述 DEM 数据采集的基本原则。

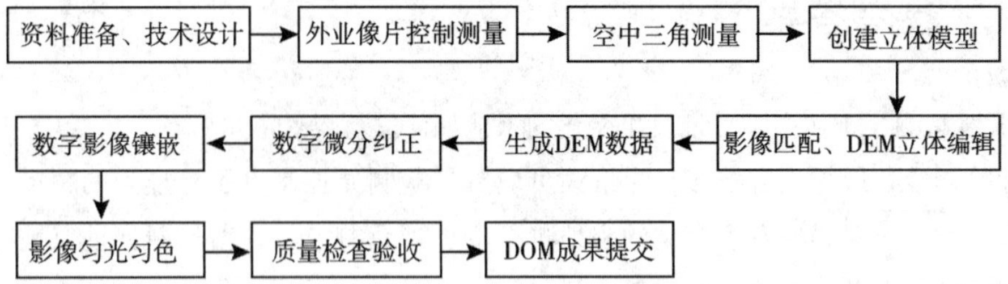

图 12-2

DEM 数据采集基本原则如下：

(1)保证处理范围包含本次数据整理范围，避免出现丢漏、有缝隙等现象。

(2)影像接边处理应遵循统一原则，保证地物对象不被图廓线打断，无错位。

(3)特征点、线必须完整采集，特征线不与接边线相交。

(4)保证地面模型精度。

3. 数字正射影像图质量检查的内容有哪些？

数字正射影像图质量检查主要包括空间参考系、平面精度、镶嵌线几何精度、影像质量、色彩一致性、逻辑一致性和附件质量的检查等。

第八题参考答案

1. 说明该挂图应选择的幅面尺寸及理由。

550 km = 550 000 000/600 000 = 917 mm

400 km = 400 000 000/600 000 = 667 mm

1 092 mm×787 mm，787 mm×546 mm

1 092 mm> 917 mm，787 mm >667 mm

选择全开(1 092 mm×787 mm)。

2. 说明编图中如何使用所收集的各种资料。

(1)1∶25 万地图数据作为地理底图基本资料。

(2)全省行政区划简册，更新行政区划，地名。

(3)2024 年经济统计数据，专题要素制作各县(市)的人均生产总值，各县(市)第一、二、三产业的比例构成等的数据。

(4)全省旅游交通图 1∶90 万，更新道路、居民地。

3. 简述如何编绘居民地和水系等地理底图要素。

选取乡镇(含)以上居民地，能用平面图形表示的居民地进行图形综合，不能用平面图形表示的改用圈形符号，圈形符号要放置在原平面图形的中心。水系选取主要河流、湖泊、大型水库，并对它们进行图形概括。

4. 简述如何用饼图和柱状图方法表示专题要素，以及如何配置符号。

用柱状图表示全省各县(市)的人均生产总值，用饼图各县(市)第一、二、三产业的比例构成 。符号配置在县(市)行政区域的中心位置。

参考文献

[1]宁津生，陈俊勇，李德仁，等．测绘学概论[M]．3 版．武汉：武汉大学出版社，2016.

[2]郭际明，史俊波，孔祥元．大地测量学基础[M]．3 版．武汉：武汉大学出版社，2021.

[3]孔祥元，梅是义．控制测量学(上、下册)[M]．4 版．武汉：武汉大学出版社，2015.

[4]刘大杰，等．全球定位系统(GPS)的原理与数据处理[M]．上海：同济大学出版社，1995.

[5]徐绍铨，张华海，杨志强，等．GPS 测量原理及应用[M]．4 版．武汉：武汉大学出版社，2017.

[6]赵建虎．现代海洋测绘[M]．2 版．武汉：武汉大学出版社，2023.

[7]张正禄．工程测量学[M]．3 版．武汉：武汉大学出版社，2020.

[8]武汉测绘科技大学编写组．测量学[M]．北京：测绘出版社，1994.

[9]邹进贵，冯永玖，王健，等．数字地形测量学[M]．3 版．武汉：武汉大学出版社，2024.

[10]黄声享，尹晖，蒋征．变形监测数据处理[M]．武汉：武汉大学出版社，2010.

[11]侯方国，时东玉，王建设．房产测绘[M]．郑州：黄河水利出版社，2007.

[12]蓝悦明，康雄华．不动产测量与管理[M]．武汉：武汉大学出版社，2008.

[13]吕永江．房产测量规范与房地产测绘技术[M]．北京：中国标准出版社，2001.

[14]刘权．房地产测量[M]．2 版．武汉：武汉大学出版社，2021.

[15]詹长根．地籍调查学[M]．武汉：武汉大学出版社，2024.

[16]王春祥，李晓，盛庆伟．航空摄影测量学[M]．郑州：黄河水利出版社，2011.

[17]乔瑞亭，孙和利，李欣．摄影与空中摄影学[M]．武汉：武汉大学出版社，2008.

[18]李德仁，王树根，周月琴．摄影测量与遥感概论[M]．北京：测绘出版社，2008.

[19]王树根．摄影测量原理与应用[M]．武汉：武汉大学出版社，2009.

[20]方圣辉，龚龑，孙家抦．遥感原理与应用[M]．4 版．武汉：武汉大学出版社，2024.

[21]何宗宜，宋鹰，李连营．地图学[M]．2 版．武汉：武汉大学出版社，2023.

[22]何宗宜，朱海红，李连营，等．地图设计与编制[M]．武汉：武汉大学出版社，2020.

[23]何宗宜，宋鹰．普通地图编制[M]．武汉：武汉大学出版社，2015.

[24]何宗宜，王树根，欧阳烨，等．测绘案例分析(2024 版)[M]．武汉：武汉大学出版社，2020.

[25]祝国瑞，何宗宜，等．地图学[M]．武汉：武汉大学出版社，2004.

[26]黄仁涛，庞小平，马晨燕．专题地图编制[M]．武汉：武汉大学出版社，2003.

[27]胡鹏，黄杏元，华一新．地理信息系统教程[M]．武汉：武汉大学出版社，2002.

[28]秦昆，卢宾宾，陈江平，等．空间数据分析[M]．3版．武汉：武汉大学出版社，2023.
[29]郑春燕，邬国锋，张正栋，等．地理信息系统原理、应用与工程[M]．武汉：武汉大学出版社，2011.
[30]周学鸣，刘学军．数字地形分析[M]．北京：科学出版社，2006.
[31]陈述彭，鲁学军，周成虎．地理信息系统导论[M]．北京：科学出版社，1998.
[32]邬伦，等．地理信息系统原理、方法和应用[M]．北京：科学出版社，2001.
[33]姚鹤岭．GIS Web 服务研究[M]．郑州：黄河水利出版社，2007.
[34]国家测绘局职业技能鉴定指导中心．测绘案例分析[M]．北京：测绘出版社，2012.